《生态文明和绿色发展》丛书

国家社科基金项目"协同推进新型工业化、信息化、城镇化、农业现代化和绿色化的政策研究"(16BJL051)

生态文明建设与 "十三五"生态环境保护政策研究

Ecological Civilization Construction and 13th Five-Year Plan of National Environmental Protection

江 河 / 王 依 ◎ 主编

龚继冬 / 杜雯翠 / 武 艺 / 沈屹研 / 芮元鹏 ◎ 副主编

经济管理出版社

ECONOMY & MANAGEMENT PUBLISHING HOUSE

图书在版编目（CIP）数据

生态文明建设与"十三五"生态环境保护政策研究/江河，王依主编 . —北京：经济
管理出版社，2019.11
ISBN 978 - 7 - 5096 - 4367 - 9

Ⅰ.①生…　Ⅱ.①江…　②王…　Ⅲ.①生态环境建设—研究—中国　②生态环境—环
境保护政策—研究—中国—2016 - 2020　Ⅳ.①X321.2

中国版本图书馆 CIP 数据核字（2019）第 259449 号

组稿编辑：申桂萍
责任编辑：申桂萍　宋　佳
责任印制：黄章平
责任校对：王淑卿

出版发行：经济管理出版社
　　　　　（北京市海淀区北蜂窝 8 号中雅大厦 A 座 11 层　100038）
网　　址：www. E - mp. com. cn
电　　话：（010）51915602
印　　刷：三河市延风印装有限公司
经　　销：新华书店
开　　本：720mm×1000mm/16
印　　张：12.25
字　　数：162 千字
版　　次：2019 年 12 月第 1 版　　2019 年 12 月第 1 次印刷
书　　号：ISBN 978 - 7 - 5096 - 4367 - 9
定　　价：58.00 元

目　录

生态文明建设与“十三五”生态环境保护政策研究

第一章　全国生态环境
保护大会的精神

全国生态环境保护大会于 2018 年 5 月 18 日至 19 日在北京召开。本次大会提出，加大力度推进生态文明建设、解决生态环境问题，坚决打好污染防治攻坚战，推动中国生态文明建设迈上新台阶。

从 1973 年到 2011 年，我国先后召开过七次全国环境保护会议（大会），在本次大会的总结讲话中，中共中央政治局常委、国务院副总理韩正指出，"要认真学习领会习近平生态文明思想"。本次大会首次总结阐释了这一思想。这是继习近平新时代中国特色社会主义经济思想、习近平强军思想、习近平网络强国战略思想之后，在全国性工作会议上全面阐述、明确宣示的又一重要思想。

全国生态环境保护大会之后，《求是》期刊以《推动我国生态文明建设迈上新台阶》①为题，全文刊载了中共中央总书记、国家主席、中央军委主席习近平在全国生态环境保护大会上的讲话，全国掀起了认真学习领会习近平生态文明思想的热潮，在此，本章汇集了 6 篇生态环境保护领域相关学习

---

① 习近平. 推动我国生态文明建设迈上新台阶［J］. 求是，2019，52（3）：4－19.

的领会文章。

生态兴文明兴，生态衰文明衰。生态环境，是重大政治问题，也是重大社会问题，确立了新时代生态环境保护工作的基本定位；绿水青山就是金山银山，给出了新时代生态环境保护工作的基本方向。

一、从何而来，向何而去[①]

变迁，是人类推动经济社会发展的重要手段。在中国环境保护的历程中，每一次重大变革都给生态环境事业注入新的活力，给事业前进增添强大动力，生态环境事业就是在不断深化改革中向前推进。

从 1973 年第一次全国环境保护工作会议至今，中国环境保护走过了 45 年。以时代背景为依据，可以划分为五个既互相独立又彼此关联的阶段：一是 1973 ~ 1978 年，中国环境保护事业起航；二是 1979 ~ 1992 年，环境保护制度体系初步建立；三是 1993 ~ 2006 年，环境保护理论和实践发生重要转折；四是 2007 ~ 2012 年，制度创新与科学实践并重；五是 2013 年至今，建立现代环境制度。每个阶段都跌宕起伏、内容丰富，通过对这 45 年基本轨迹、基本经验和基本规律的分析，可以得出以下思考：

(1) 时至今日，中国环境保护走出的独具个性的基本轨迹，可以大致概括为三个方面：从以"三废"治理为主调、筑基垒台到探索中国特色、走上

---

① 雍阳仁. 从何而来，向何而去——写在全国生态环境保护大会胜利召开之际 [J]. 中国环境管理，2018（3）：5.

制度创新之路，从碎片化的局部调整到对全过程各领域各环节的综合统筹，从构建公共产品基本框架到建立现代治理制度。

（2）迄今为止的中国环境保护，存在着一条上下贯通的主线，就是始终作为中国特色社会主义的一个重要组成部分，服从服务于经济社会发展需要，随着经济发展从高速增长到新常态，改革走向全面深化改革的历史进程，不断对环境保护理论和实践进行适应性变革，以环境公共化匹配市场经济化，以环境治理现代化匹配国家治理现代化，以环境体制匹配社会主义市场经济体制，以现代环境制度匹配现代国家治理体系和治理能力，这是从历程中可以获得的基本经验。

（3）中国环境保护实践之所以总体上是成功的，从根本上说，是牢牢扎根于中国国情土壤的基础上，深刻认知并恪守了环境保护的客观规律，按照客观规律的要求谋划并推进，作为中国环境保护实践的理论支撑，这些客观规律可以概括为：经济的市场化必然带来环境产品的公共化，国家治理的现代化要求和决定着环境治理的现代化，搞市场经济，就必须搞环境公共服务，推进国家治理现代化，必须以建立现代环境制度作为基础和重要支柱。

（4）随着中国特色社会主义进入新时代，全面推进以建立现代环境制度标识的新一轮深化改革实践更加紧迫，围绕新一轮深化生态环境领域改革的焦点、难点和痛点而打一场攻坚战，以加快建立现代环境制度的行动，为推进国家治理体系和治理能力现代化发挥基础性和支撑性作用并最终完成全面建成小康和建设美丽中国的历史任务，势在必行。

（5）站在新时代的历史起点上，以习近平新时代中国特色社会主义思想为行动指南，回过头来重新审视党的十八届三中全会对环境保护的全新定位及生态文明改革的系统部署，可以将现代环境制度的基本特征概括为：生态环境成为国家治理的基础和支撑，生态环境治理成为国家治理体系的基础性和支撑性要素，引申而言，生态环境保护覆盖国家治理活动的全过程和各领域，以此对照当下的中国生态环境职能，可以确认，进入新时代的中国生态环境改革和实践，任重而道远。2018年5月18日至19日在北京召开全国生态环境保护大会，中共中央总书记、国家主席、中央军委主席习近平出席会议并发表重要讲话，强调要充分发挥党的领导和我国社会主义制度能够集中力量办大事的政治优势，加快构建生态文明体系，加快建立健全以生态价值观念为准则的生态文化体系，以产业生态化和生态产业化为主体的生态经济体系，以改善生态环境质量为核心的目标责任体系，以治理体系和治理能力现代化为保障的生态文明制度体系，以生态系统良性循环和环境风险有效防控为重点的生态安全体系，推动我国生态文明建设迈上新台阶。

"顺理而举，易为力；背时而动，难为功。"认真学习贯彻刚刚召开的全国生态环境保护大会精神，全面推进生态环境治理体系和治理能力现代化，通过制度、标准、体系、技术、人员及文化等各方面的锻造，融入国家治理的各个领域和环节，是不断提高生态环境管理系统化、科学化、法治化、信息化水平的过程。要主动适应时代变化，既改革不适应实践发展要求的体制机制、法律法规，又不断构建新的内容，广泛调动各方面积极性、主动性、创造性，才能使各方面制度更加科学、完善，实现各项事务治理制度化、规范化、程序化。生态环境治理的创新在于共管共治共建共享，切入点在于转变政府职能，落脚点在于促进公平正义，基础在于制度建设，只有不断构建系统完备、科学规范、运行高效的生态环境治理体系和治理能力，着力增强系统性、整体性、协同性，才能为生态文明建设提供制度保障。

二、生态环境既是重大政治问题，也是重大社会问题

2018 年 5 月 18 日至 19 日，全国生态环境保护大会在北京召开，中共中央总书记、国家主席、中央军委主席习近平出席会议并强调指出，生态环境是关系党的使命宗旨的重大政治问题，也是关系民生的重大社会问题。"两个重大"的判断，为生态环境保护工作提出了根本遵循，两者是辩证的统一，人民心中有生态环境保护，生态环境工作者心中有人民，始终坚持生态环境保护工作正确的政治方向，党的执政基础会更加牢固，生态环境事业就会行稳致远。

生态环境保护工作的推进，既契合了民生发展需要，也充分彰显了从中央到地方对生态环境保护工作的高度重视和坚决打好污染防治攻坚战的信心决心。解决突出生态环境问题，赢得老百姓的真诚拥护，就能形成强大的凝聚力和向心力。在实际工作中，要促进两个重大有机有效结合，加大力度推进生态文明建设、解决生态环境问题，坚决打好污染防治攻坚战，推动我国生态文明建设迈上新台阶。

（一）必须做到使命自觉

要把生态环境保护作为全面小康的重要内容，把坚决打好污染防治攻坚战作为生态环境保护的重中之重，必须把政治方向摆在第一位，把好执法"方向盘"，系好廉洁"安全带"，善于从政治的角度思考、分析、研究生态环境保护各项工作，切实增强责任感、使命感和紧迫感，不辱使命、勇于担

当，只争朝夕、真抓实干，担负起生态文明建设的政治责任。

（二）必须打好污染防治攻坚战

坚决打好污染防治攻坚战是中国共产党在人类发展史上一曲极为重要的时代强音。要切实担当起打好污染防治攻坚战的主体责任，牢固树立执政为民的宗旨理念，认真分解落实任务、明确责任分工、量化工作目标，严格定时限、定措施、定标准，以"逢山开路、遇水搭桥"的工作精神，拿出攻坚之举，增强工作定力、保持工作韧劲，坚持不懈抓好各项举措落地，从长远上给百姓带来更多福祉，让人民群众真正感受到改善生态环境质量的行动是来真的、来实的，每时每刻的变化就在身边。

（三）必须加强监察

推进生态文明建设、解决生态环境问题既是当前最大的民生工程，更是当前最大的政治责任。要以坚强有力的督察问效推动各项措施落到实处，强化对重大决策部署、重要会议精神、重大项目进展情况的跟踪督查，真正做到层层有人抓、件件有人问、事事有人管，充分发挥绩效评价的导向作用和激励约束作用，真正形成从严抓落实的倒逼机制。

三、生态环境是关系党的使命宗旨的
重大政治问题

2018年5月18日至19日在北京召开全国生态环境保护大会，中共中央总书记、国家主席、中央军委主席习近平出席会议并强调指出，生态环境是关系党的使命宗旨的重大政治问题。生态环境事业既是党和国家治国理政各项事业的重要组成部分，也为治国理政全局提供重要的服务和保障。生态环境保护工作具有很强的业务性、政治性，是政治性很强的业务工作，同时也是业务性很强的政治工作，人民心中有生态环境保护，生态环境工作者心中有人民，始终坚持生态环境保护工作正确的政治方向，党的执政基础会更加牢固，生态环境事业就会行稳致远。

（一）要增强政治觉悟

信念是指引方向的航标灯、修身立业的压舱石，更是立身之本、正气之魂、力量之源。政治工作是生态环境保护工作的生命线。党中央国务院明确了新时代生态环境保护工作的职责和使命，要高举旗帜、引领导向，围绕中心、服务大局，凝心聚力、鼓舞士气，为民服务、敢于担当，甘于奉献、有所作为，承担和履行这个职责和使命，必须把政治方向摆在第一位，把好执法"方向盘"，系好廉洁"安全带"，增强政治定力，提高政治敏锐性和政治鉴别力，牢牢把握生态环境保护工作的政治属性，将其自觉体现在各项业务工作的谋划、部署、检查和落实中。要善于从政治的角度思考、分析、研究生态环境保护各项工作，奋力开创生态环境保护工作新局面，这既是新时期加强和改善党对生态环境保护工作领导的必然要求，也是生态环境保护工作坚持正确政治方向的题中应有之义。

（二）要善于钻研业务

"褚小者不可以怀大，绠短者不可以汲深。"没有"几把刷子"，做好生态环境保护工作就是空话。当前生态环境保护工作已成为全社会关注的"热点""焦点""风口"，深化生态文明领域改革面临一个个"关口"，用新时代中国特色社会主义思想指导生态环境实践,关键是做到学而信、学而用、学而行。要加强学习、勤于思考,勇于实践、深刻领悟,真正弄懂、弄通职责范围内业务工作的情况、问题、规律、特点,明白守什么"土",有什么责、负什么责、尽什么责。只有心里有了新时代中国特色社会主义思想这一"准星",解决好了"为了谁、依靠谁、我是谁"这个根本问题,才能做好党的生态文明建设政策主张的传播者、工作成效的记录者、质量改善的推动者、群众利益的守望者。

(三)要讲奉献有作为

奋发有为是生态环境保护工作者的立身之本、成事之基。生态环境保护工作一头连着政府,一头连着群众,既为政府分忧,又为群众解难。要坚持以人民为中心的思想,怀着爱民之心去做生态环境保护工作,贯穿于工作全过程、全领域,始终做到爱民、为民、惠民,把生态环境保护工作做到群众的心坎里。生态环境保护工作的重心重点在基层,是生态环境的"末梢神经",要把利长远的部署落实到基层,把促创新的措施落实到基层,把破难题的行动落实到基层,切实做到"落实到基层、落实靠基层"。要自觉把党中央、国务院的重要指示、方针政策等落到实处,实现工作的政治效果、环境效果和社会效果相统一,写出生态环境保护工作最美的华章。

(四)要更加注重公平

公正、公平、公开是生态环境保护工作的成效标尺。要坚守各项法律红线和各项制度底线,依法、秉公、廉洁推进工作,把握好工作的时、度、效,增强主动性、掌握主动权、打好主动仗。各级干部要提高政治站位,始终坚持问题导向、抓住主要矛盾,充分认识工作的重要性、艰巨性和长期性,推动"突击式、粗放式、运动式"治理向"常态化、精细化、规范化"

治理转变。坚持以改善环境质量为核心是对所有生态环境保护工作者的要求，也是所有工作者应尽的职责，不能以"点"代"面"，既要保持"大江大河水清涟"，也不放任"小河支流乱排污"，不出现"飞地""特区"。

处大事贵乎明而能断，临大势贵在顺而有为。做好新形势下生态环境保护工作，要切实处理好生态环境保护工作业务性和政治性的辩证统一关系，赓续"石可破也，而不可夺坚"的精气神，针对新情况新问题，创新思路、改进方法，不断赋予生态环境保护工作新的生命力，深度融入实际工作中去，做到工作抓一项成一项，一步一个台阶地前进。

四、同心者一起再出发①

2018 年 5 月 18 日至 19 日，全国生态环境保护大会在北京召开，中共中央总书记、国家主席、中央军委主席习近平出席会议并发表重要讲话，强调要自觉把经济社会发展同生态文明建设统筹起来，充分发挥党的领导和我国社会主义制度能够集中力量办大事的政治优势，充分利用改革开放 40 年来积累的坚实物质基础，加大力度推进生态文明建设、解决生态环境问题，坚决打好污染防治攻坚战，推动我国生态文明建设迈上新台阶。

全国生态环境保护大会是我国生态环境保护事业的一件大事，描绘出我国生态环境保护的一幅壮美蓝图，必将成为生态环境保护事业发展的一个新

① 雍阳仁. 同心者一起再出发［J］. 中国环境管理，2018（5）.

的历史起点，推动生态环境保护工作进入一个新的阶段。我们要"继续发扬筚路蓝缕、以启山林那么一种精神"，同心者一起再出发，牢牢抓住难得的历史机遇，把人民群众的期待变成我们的行动，把人民的希望变成生活的现实，不断提高生态环境质量，让人民群众安居乐业。

同心者一起再出发，政治站位是促自觉的关键所在。打好污染防治攻坚，既是重大的民生问题，也是重大的政治问题。我们要认真学习领会习近平生态文明思想，切实增强做好生态环境保护工作的责任感、使命感，深刻领会其是衡量政治站位的一把尺子，铆足劲头，脚踏实地，真正把打好污染防治攻坚的政治责任扛在肩上，不能有任何畏难和懈怠情绪，做好打持久战、攻坚战的准备，以水滴石穿、绳锯木断的劲头，解开一个又一个难题，攻克一座又一座山头。

同心者一起再出发，认清形势是推工作的根本遵循。打好污染防治攻坚如登山，越到后面越难。今后三年是决战决胜的关键时期，盖面广、任务重、难度大，更加需要坚持正确方向，尤其需要把握好次序、节奏、力度，不急进、不冒进。惟其艰难，方知勇毅；惟其磨砺，始得玉成。要把求真务实的导向立起来，把真抓实干的规矩严起来，要在"接地气""聚人气"上多下功夫，把攻坚与其他工作统筹起来，形成强大合力，要有结合实际、开拓创新的实招，扎扎实实把打好污染防治攻坚推向前进。

同心者一起再出发，加强督察是抓落实的重要手段。"立志欲坚不欲锐，成功在久不在速"。污染防治攻坚事关重大、事关长远，要列为督察问效的重点。改善环境质量体现了我们党的根本宗旨，直接关系人民群众的根本利益，决定全面建成小康社会第一个百年奋斗目标能否如期实现。"水不急、鱼不跳"，要充分发挥考核这个"指挥棒"的作用，严格考核、奖惩分明，全力"钉钉子"，通过认真分解落实任务、明确责任分工、量化工作目标，严格定时限、定措施、定标准，真正做到"层层有人抓、件件有人问、事事有人管",把攻坚的责任压下去。

肩扛千斤谓之责,背负万石谓之任。今日的中国生态环境保护,正如中流击水,前方有无限风光,脚下亦有激流暗礁。踏上新征程,既要有一张蓝图干到底的定力,也要有克难攻坚的勇气、善于巧谋的智慧,只要我们齐心协力打好污染防治攻坚战,增强工作定力、保持工作韧劲,坚持不懈抓好各项举措落地,奋力开启新时代大力推进生态环境保护工作的新征程,为实现"美丽中国梦"做出不懈努力和贡献。

同心者,我们一起携手再出发!

五、以"绿水青山就是金山银山" 理念引领新行动

40多年的改革开放,中国经济社会发展征程壮阔、铸就辉煌。然而,财富扩张也让我们付出了沉重的环境代价,消费升级和供给增长的背后是资源消耗的大幅上升和环境风险的日益累积,成为民生之患、民心之痛、民愿之忧。

我国历来高度重视经济社会可持续发展,此前中央已明确提出"坚持以人为本,树立全面协调可持续的发展观"。近些年来,深入贯彻科学发展观,使经济发展与生态环境之间的紧张关系得到一定程度缓和,生态环境保护工作取得积极进展,污染物排放强度大幅下降,生态环境恶化势头得到遏制。但在经济尚不发达、技术尚不先进、制度尚不完善的情况下,一些地方在面临生态环境与经济发展的利益权衡时,经济增长仍然是首选目标。如何解决"成长中"的烦恼,从根本上改变经济发展方式,扭转生态环境恶化局面,

是新时期、新形势下的一个重大命题。中共十九大报告明确提出,要坚持人与自然和谐共生,必须树立和践行"绿水青山就是金山银山"的理念,这为我们推进新时代中国特色社会主义生态文明建设指明了方向。

"绿水青山就是金山银山"更加明确地指出,获得金山银山的途径就是保住绿水青山。

(一)新挑战呼唤新理念,带来新气象

党的十八大以来,中央做出"大力推进生态文明建设"的决策,将生态文明建设纳入"五位一体"总体布局,"绿水青山就是金山银山"更是以朴实无华的语言为生态文明建设描绘了路线图、施工图。当人类在谋求自身生存和进步时,其对金山银山和绿水青山的认知、诉求便会具有很强的阶段性特征:第一阶段是盲目用绿水青山去换金山银山;第二阶段是既要金山银山,也要保住绿水青山;第三阶段是认识到绿水青山可以产生源源不断的经济效益,绿水青山就是金山银山。这一系列的变化体现在经济发展、增长方式转变的不同阶段,人与自然关系不断调整并日趋和谐。

(二)新理念引领新行动,推进新实践

"绿水青山就是金山银山"是对科学发展观的进一步深化和提升,是中国共产党执政规律的再凝练、经济发展规律的再丰富、人民主体论的再完善、社会主义建设规律再跨越,更是在处理经济发展和生态环境关系上的主动转型,对人与自然关系的深刻诠释,在世界经济发展史上的首创,具有强大的理论穿透力和现实解释力,主要体现在:首先是目标的继承。科学发展观指引我们既要绿水青山,也要金山银山;"绿水青山就是金山银山"着重强调没了绿水青山,就不会有金山银山,宁要绿水青山,也不要金山银山。其次是价值观的突破。科学发展观的提出,意在将绿水青山转变为金山银山的过程变得更加科

学，在获得金山银山的同时尽可能地留住绿水青山；"绿水青山就是金山银山"认为绿水青山与金山银山并不互斥，只要积极转变生产方式和生活方式，绿水青山就是金山银山。最后是路径的创新。科学发展观认为，可以通过可持续利用的方式将绿水青山转换为金山银山；"绿水青山就是金山银山"更加明确地指出，获得金山银山的途径就是保住绿水青山，新理念是指导生态文明建设航程的灯塔，用好这个"指挥棒"，必将推动绿色发展取得新成就，实现治理能力和体系现代化，这是与科学发展观相适应的大环境观，在解决大部分环境问题的同时，能够形成和营造一个地区经济发展的优良环境，既是一个系统性、全局性、整体性的工程，也是对执政者执政能力的考验。

（三）新理念给世界带来了希望，将指引人类共同守护家园

"生态"一词源自古希腊语，家是其原义，保护生态就是保护家。"绿水青山就是金山银山"作为指导生态文明建设航程的灯塔，将照亮人类追寻生态建设的前行之路，人类文明的回家之路。当今中国，不仅要保护自己的家，还要同世界人民一道共同保护好全人类赖以生存的家。

六、"绿水青山就是金山银山"理论：
重大命题、重大突破和重大创新[①]

党的十八大以来，习近平总书记立足发展实际，多次提出"绿水青山就

---

　　① 杜雯翠，江河．"绿水青山就是金山银山"理论：重大命题、重大突破和重大创新［J］．环境保护，2017（19）：34－38．

是金山银山"的新思想，把环境、生态纳入了"生产力"范畴，为环境保护与经济发展指明了方向。为此，本书从"绿水青山就是金山银山"理论是实现"两个一百年"目标的重大命题、"绿水青山就是金山银山"理论是马克思主义政治经济学的重大突破，以及以"绿水青山就是金山银山"理论为基础促进中国生态环境保护理念重大创新三个方面进行了深入论证。中国生态环境保护的总认识、总原则、总引领、总目标、总路径和总方法都应围绕"绿水青山就是金山银山"这一理论基石展开并延伸。

1978 年党的十一届三中全会开启了中国改革开放的伟大历史进程，40年来，改革开放所取得的巨大成就使中国人民的生活和中国的面貌发生了根本改变。然而，迅猛增长的 GDP 和人均收入的背后，是自然资源的耗竭，更是生态环境的破坏。粮食增产的背后是化肥农药的非理性施用和农村面源污染顽疾，钢材等工业品增产的背后是能源的过度消耗和工业点源污染加剧，城镇化率大幅提高的背后则是生活污染比重的提高。中国经济社会取得了显著的成就，相应也付出了巨大的环境代价，生态环境问题成为民生之患、民心之痛、民愿之忧。

对于中国环境保护，应当站在历史的长河中，用辩证眼光、历史视野来看待和思考。我们不能因为环境破坏而否定改革开放以来中国经济社会发展发生的巨变，而是必须正视生态困境和资源"瓶颈"，因为只有经济社会发展了，才能更好地保护环境，发展才是解决环境问题的根本所在。同样，我们既不能否认在资源短缺、技术欠缺的背景之下，中国环境保护40多年来取得的成就，还必须承认中国环境保护存在的种种问题，因为前一个阶段的环境保护实践为后一个阶段的环境保护探索积累了宝贵经验，提供了充分条件，奠定了重要基础。

"金山银山"是人的物质追求，"绿水青山"是人赖以生存的自然条件，这两者都是人生存和发展所需要的，而兼得两者需要智慧。党的十八大以来，习近平总书记立足中国发展实际，提出"绿水青山就是金山银山"的新思想，把环境、生态纳入了"生产力"范畴，破解了发展中环境、生态与生产力的关系这一难题。"绿水青山就是金山银山"理论是马克思主义中国化的最新成果，标志着中国共产党在如何建设社会主义，建设一个什么样的社会主义这一重大理论问题上认识更加明确和清醒。"绿水青山就是金山银山"理论既是建设生态文明的理论指导，也是转变经济增长方式的方向指引，更是经济社会可持续发展的实施纲领。

（一）"绿水青山就是金山银山"理论是实现"两个一百年"目标的重大命题

党的十八大根据国内外形势的新变化，顺应各族人民过上更好生活的新期待，把握经济社会发展的趋势和规律，提出了"两个一百年"奋斗目标，即在中国共产党成立 100 年时全面建成小康社会，在新中国成立 100 年时建成富强民主文明和谐的社会主义现代化国家。实现这"两个一百年"目标，绿水青山是必要前提，既是内在要求，也是底蕴所在。

1. 绿水青山是实现"两个一百年"目标的必要前提

在人类社会的各种关系中，人与自然的关系是最基本的社会关系。自然界是人类社会形成的前提，人类认识自然的目的是利用自然和改造自然。人类总是想以自己有意识、有目的的生产劳动，利用自然和改造自然，以满足人的需要，但人类归根结底是自然的一部分，必须服从自然、符合自然规律，绝不能凌驾于自然之上。保护自然环境就是保护人类，建设生态文明就是造福人类。因此，无论是全面建成小康社会，还是建成富强民主文明和谐的社会主义现代化国家，一个重要的衡量标准就是绿水青山。如果没有绿水青山，我们将无法获得实现"两个一百年"目标所需的资源和环境，目标实现无从谈起；如果没有绿水青山，纵使实现了"两个一百年"目标，小康将是短暂的,富强也是不可持续的;如果没有绿水青山,下一代人就丧失了实现他们"两个一百年"目标的必要前提。我们要以对人民群众、对子孙后代高度负责的态度,加大力度、攻坚克难,全面推进生态文明建设。

2. 绿水青山是实现"两个一百年"目标的内在要求

全面建成小康社会,不仅是解决温饱问题,而是要从政治、经济、文化等各方面满足城乡发展需要,满足人民发展需要,而在众多人民发展需要中,生态环境需要是最根本的一种。全面建设小康社会,集中反映了人民对美好生活的向往。过去是"求温饱",吃饱穿暖就是美好生活,现在是"求质量",青山就是美丽,蓝天也是幸福。因此,小康全面不全面,生态环境质量很关键。全面建成小康社会,不光要实现经济、政治、文化方面的全面进步,更重要的一个目标是,"可持续发展能力不断增强,生态环境得到改善,资源利用效率显著提高,促进人与自然的和谐,推动整个社会走上生产发展、生活富裕、生态良好的文明发展道路。"然而,从全面建成小康社会的指标来看,环境保护缺口大、任务重、时间紧,环境质量已经成为"十三五"实现全面建成小康社会奋斗目标的"短板"和"瓶颈",绿水青山俨然成为实现"两个一百年"目标的内在要求。

3. 绿水青山是实现"两个一百年"目标的底蕴所在

作为世界上最古老、持续时间最长的文明之一,中华文明源远流长,这与中国人民不断提升的发展目标密不可分,正是通过一个又一个发展目标的设立和实现,中国人民创造了人类发展历史的奇迹。未来民族复兴的征程上,我们也绝不会躺在"两个一百年"目标实现的功劳簿上沾沾自喜,只会开创更多、更高、更好的百年目标,绿水青山正是实现更多百年目标的宝贵财富。因此,要充分认识到,只有更加尊重自然生态规律,用制度保护好、利用好生态环境,愈加重视生态环境这一生产力的要素,才能更好地发展生产力，不断满足人民群众对良好生态环境新期待、形成人与自然和谐发展现代化建设新格局。要摒弃把保护生态与发展生产力对立起来的传统思维，切实改变不合理的产业结构、资源利用方式、能源结构、空间布局，更加自觉地推动绿色循环低碳发展，绝不以牺牲环境、浪费资源为代价换取一时的经济增长，努力实现经济社会发展与生态环境保护的"共赢"，为子孙后代留下可持续发展的绿色基业。

（二）"绿水青山就是金山银山"理论是马克思主义政治经济学的重大突破

　　"绿水青山就是金山银山"理论总结出中国环境保护的阶段性特点和历史趋势，在解放、发展生产力的基础上进一步提出保护、延续生产力，丰富了马克思主义政治经济学关于生产力和生产关系的重要论断，是马克思主义政治经济学的社会主义部分。"绿水青山就是金山银山"理论不是凭空产生的，是把马克思主义基本原理同中国环境保护的具体实践相结合，从中国经济社会发展的国情出发，深刻研究中国环境保护的特点和规律，并在中国实践中科学地总结和发展而来的。"绿水青山就是金山银山"理论是用科学的分析讨论中国环保问题，讲中国环保故事，是对人与自然关系的深刻诠释，是解决目前和未来中国特色社会主义道路中环境问题的重要纲领，是中国特色社会主义理论的重大补充。"绿水青山就是金山银山"理论是一个系统完整、逻辑严密的科学体系，其最终目标是让全体人民共享改革发展成果，而实践理论也要依靠人民，为人民发展、靠人民实践，这一理论更是人民性的体现。

　　1. "绿水青山就是金山银山"理论是对保护与发展辩证关系的精准概括

　　"绿水青山就是金山银山"理论是马克思主义理论在中国环境保护实践中的具体应用。它的提出不是偶然的，是我国发展实践催生的理论成果，凝结了中国共产党对经济社会发展和生态环境保护规律的深刻认识，凝聚了中国传统文化中的优秀思想和马克思主义理论，并与中国实际相结合，指明了我国未来生态环境保护的方向和路径，是我国经济社会发展与生态环境保护必须长期坚持的重要遵循；吸收了人类历史发展积累的宝贵智慧，借鉴现代研究成果解决中国问题，创造性地回答了关于生态环境保护的重大转折问题，是中国共产党关于生态环境保护理论的一次重大升华；立足于中国生态环境保护面临的迫切问题，揭示了当代中国经济社会发展与生态环境保护的规律，适应了时代发展和实践深化对党和国家工作的新要求，是破解对立难题、增强可持续发展动力的行动指南。"绿水青山就是金山银山"理论所蕴含的战略思想和环境政策，蕴含着人类历史积淀的生态环境保护等治国理政的广博知识和丰富经验，堪称是当代中国政治经济学的新突破，其思想创新也是基于科学运用马克思主义的世界观和方法论，是将马克思主义经济理论与中国实践和时代特征相结合的成果，是以中国特色社会主义的根本任务和发展目的为主导方向凝练出的发展的新内涵，具有强大的理论穿透力和现实解释力，成为回应当代绿色发展问题的中国解答，是当代中国的马克思主义政治经济学理论的创新阐述。

"绿水青山就是金山银山"理论给出了化解保护与发展矛盾的良方，以积极的态度诠释了应如何化解人类发展中，对物质利益的追求同保护其赖以生存的生态环境的两难困境。它打破了简单地把发展与保护对立起来的思维束缚，生动地讲述了发展与保护的内在统一，给出了化解保护环境与经济发展矛盾的良方，明确了新时期的发展理念。金山银山代表人类对物质利益的追求，而绿水青山则是人类赖以生存和发展、创造物质财富的自然基础，是生产力要素的组成部分，"绿水青山就是金山银山"理论破解了如何正确处理生态环境保护与生产力发展关系的难题。

"绿水青山就是金山银山"理论体现了发展阶段论。在人类追求发展的过程中，对金山银山和绿水青山的诉求和关注是不同的。第一阶段只有绿水青山，没有金山银山；第二阶段是盲目地用绿水青山去换取金山银山；第三阶段认识到保不住绿水青山就保不住金山银山；第四阶段是认识到"绿水青山就是金山银山"。这体现在经济发展、增长方式转变的不同阶段，人与自然关系不断调整并日趋和谐，运用辩证唯物论，准确把握了人类文明发展的规律。

"绿水青山就是金山银山"理论体现了生态系统论。生态是生物与环境构成的有机系统，彼此相互影响、相互制约，在一定时期处于相对稳定的动态平衡状态。人类只有与资源环境相协调、和睦相处，才能生存和发展。在传统社会阶段，农业居于社会生产的首位，人们对绿水青山的依赖是直观的，人们更加尊重自然。然而，随着工业化的发展，工业在社会生产中的主导地位逐渐凸显，人对绿水青山的依赖由于工业生产的特点而看似间接，人们开始忘记来时的路，一味索取，不愿回报，造成人与自然关系的恶化。然而，随着经济社会发展阶段的再次提升，人们会越来越注重以环境质量为重要内容的生活质量，追求人与自然的和谐共生，这将转化为对环境保护的拉力和推力，实现可持续发展。可见，人类社会的发展阶段变迁也是人与自然关系的变迁，更是环境保护不同时态的变迁。"绿水青山就是金山银山"理论充分肯定了环境生态对生产力发展起到的不可替代的作用，环境资源也是经济资源，良好的自然生态也是生产力。对绿水青山的保护，直接关系到金山银山的发展后劲，也制约着其发展规模、结构和方式。

"绿水青山就是金山银山"理论指明了优化发展方式的路径。干净的水、清新的空气、绿色的环境本身就是宝贵财富。自然界是人类社会产生、存在和发展的基础和前提，人类可以通过社会实践活动有目的地利用自然、改造自然，但行为方式必须符合自然规律。尊重自然、顺应自然、保护自然这一生态文明理念的确立，是党在认真反思和深刻总结过去经验教训的基础上，对传统粗放式发展方式的有力反驳，对工业文明种种弊端的坚决扬弃，更是实现人与自然全面和谐的主动选择。尊重自然、顺应自然、保护自然，顺应了改善民生的迫切要求，顺应了经济与环境协调发展的现实需要，顺应了努力建设美丽中国的根本要求，这一方针对中国环保工作提出了总体要求，也将贯穿中国环境保护的各项工作。

2."绿水青山就是金山银山"理论对马克思主义政治经济学生产力理论的突破

保护环境就是保护生产力。马克思主义政治经济学以生产作为研究的出发点，既涉及生产关系，又涉及生产力。然而，随着经济发展水平的提高，单纯地"解放和发展生产力"已经无法满足社会发展的要求，日益消耗的不可再生资源和恶化的环境迫切要求对生产力的保护。习近平总书记提出，"牢固树立保护生态环境就是保护生产力，改善生态环境就是发展生产力的理念。"至此，马克思主义政治经济学对生产力的研究从解放和发展生产力进一步拓展为保护生产力，构成"绿水青山就是金山银山"理论的核心思想，也成为对马克思主义政治经济学的重大突破。

改善环境才能发展生产力。保护是为了更好地发展，在生产力得到保护的同时，还需不断发展生产力。但新阶段的发展生产力已不同于改革开放之初。要发展生产力，并不是所有类型的生产力都要发展，也不是不惜一切代价地发展生产力。改善环境，要发展新型生产力、绿色生产力、可持续生产力。生态环境问题归根到底是经济发展方式问题，要正确处理好经济发展同生态环境保护的关系，就要切实把绿色发展理念融入经济社会发展各方面，推进形成绿色生产力。

修复环境就能延续生产力。人类赖以生存的生态环境是极其敏感脆弱的，甚至是不可逆的，一些地区由于盲目开发、过度开发、无序开发，已经接近或超过资源环境承载能力的极限。发达国家一两百年出现的环境问题，在我国30多年来的快速发展中集中显现，呈现出结构型、压缩型、复合型特点，老的环境问题尚未解决，新的环境问题接踵而至。"我们在生态环境方面欠账太多了，如果不从现在起就把这项工作紧紧抓起来，将来会付出更大的代价。"为此，在保护、发展生产力的同时，仍需花大力气修复环境，尽可能还清历史欠账。

3. "绿水青山就是金山银山"理论是中国特色社会主义生态文明建设理论的重要组成

生态环境保护是完成中国特色社会主义根本任务的关键环节。马克思主义最重视发展生产力，认为物质生产是人类社会生存和发展的基础，生产力是人类社会发展的最终决定力量。对于处于社会主义初级阶段的中国来说，根本任务是解放和发展生产力。经过 40 多年的改革开放，我国发展已经站在更高的起点上，形成了多方面综合优势，但发展中的不可持续问题也日渐突出。资源约束加剧，环境污染严重，如果不能及时解决这些"成长中的烦恼"，已经解放和发展的生产力无疑将受到破坏，生产力的解放和发展终将放慢脚步，甚至倒退。正如马克思所说，"劳动生产率是同自然条件相联系的，这些自然条件都可以归结为人本身的自然和人周围的自然。"可见，如何在解放和发展生产力的同时保护生产力、改善生产力、延续生产力，是完成中国特色社会主义根本任务的难点所在。

生态环境保护是推进中国特色社会主义必由之路的内生动力。社会主义的生命力体现在不断适应生产力发展要求，不断改革、不断探索和不断发展的能力上。改革开放的根本目的，就是解放和发展社会生产力，不断提高人民群众物质文化生活水平，促进人的全面发展。我国过去 40 多年的快速发展靠的是改革开放，未来发展也必须坚定不移依靠改革开放。然而，改革已经进入攻坚期和深水区，各领域改革相互作用、相互制约，改革的难度将会前所未有。此时，必须合理布局深化改革的优先顺序、主攻方向、时间表和路线图，在重点领域不断取得突破，找到突破的动力。生态环境保护既是深化改革的重点领域，也是助推其他重点领域进一步深化改革的动力所在。生态环境保护的先导、倒逼、优化功能，既可以成为解决社会经济发展体制性、机制性障碍的试验田，也可以成为推动政治、经济、社会、文化等各领域全面深化改革的突破口。

生态环境保护是达到中国特色社会主义内在要求的应有之义。公平正义是人类追求美好生活的永恒主题，是衡量社会文明进步的重要尺度。党的十八大明确提出，公平正义是中国特色社会主义的内在要求。公平正义体现在社会生活的方方面面，推进社会公平是民心所向、大势所趋。在众多公平正义中，环境公平正义也是重点所在。基本的环境质量是一种公共产品，是政府必须确保的公共服务。我国目前环境基本公共服务不均衡、不协调现象突出，区域不均、城乡不等现象严重，而提高环境基本公共服务均等化水平，既是保障区域城乡均衡发展的重要一环，也是社会主义公平正义的要义所在。

（三）以“绿水青山就是金山银山”理论为基础促进中国生态环境保护理念重大创新

“绿水青山就是金山银山”理论是马克思主义中国化在人与自然和谐发展方面的集中体现，是当代中国发展方式绿色化转型的本质体现，是中国特色社会主义生态文明理论的重要组成部分，更是推进中国生态环境保护的理论基石，中国生态环境保护的总认识、总原则、总引领、总目标、总路径和总方法都应围绕这一理论基石展开并延伸。

（1）总认识：“绿水青山就是金山银山。”绿水青山本身就是重要的生产要素，是生产力的组成部分，是解放和发展生产力的前提，是金山银山的源泉。因此，环境就是民生，就是生产力，要像保护眼睛一样保护生态环境，像对待生命一样对待生态环境，把不损害生态环境作为发展的基线，不可触碰的底线。

（2）总原则：勿用"绿水青山换取金山银山"。当人类生产技术还处于初级阶段，对生产要素的处理能力并不是很强的前提下，绿水青山与金山银山有时可能会出现取舍，既不能用较多的绿水青山换取一定量的金山银山，也不能用未来的绿水青山换取今天的金山银山，我们宁要绿水青山，也不要金山银山。

（3）总引领：留住绿水青山，何愁金山银山。绿水青山与金山银山从来就不是矛盾的，很长一段时间，一些观点认为要环保就不可能有温饱，只有放弃绿水青山，才能换来金山银山，这种观点是片面的、不可取的。当技术水平有限、认识水平不高的时候，可能在短时间内要换取更多的金山银山只能放弃一些绿水青山。出现这种情况，只有一个原因，那就是经济社会发展的那个阶段还不允许我们拥有更多的金山银山，经济发展的条件还不够成熟，经济社会发展与资源环境不协调、不同步，用绿水青山换金山银山是在杀鸡取卵。只要技术水平有序上升，认识水平不断改进，留住绿水青山，何愁金山银山。

（4）总目标：既有绿水青山，也有金山银山。尽管在绿水青山和金山银山之间，宁要绿水青山，不要金山银山，但如果既有绿水青山，也有金山银山，既提高人民生活水平，又让人民呼吸到新鲜的空气，喝上清洁的水，那才是帕累托最优的理想境界，这也是中国环保的总目标。

（5）总路径：以绿水青山引来金山银山。变绿水青山为金山银山，将实现帕累托改进。找到了将绿水青山优势转化为金山银山收益的路径，就找到了中国经济社会发展的核心路径。要以绿水青山之"巢"，引来金山银山之"凤"，必须做到规划先行、一张蓝图绘到底，通过长远的战略眼光、科学的谋篇布局、绿色的产业调整、全面的技术升级将绿水青山变为金山银山。

（6）总方法：在绿水青山与金山银山之间架起桥梁。要想变绿水青山为金山银山，就要在绿水青山与金山银山之间架起桥梁，这个桥梁是绿色技术、绿色生产、绿色消费，是节约优先、保护优先、自然恢复，是环境制度、环境立法、环境执法，是源头预防、过程控制、末端治理，是环保产业化与产业环保化，是政治的、经济的、法律的、技术的、民主的，更是常态的、长久的、多元的、前瞻的。

中国的环境问题是改革开放近40多年来经济社会快速发展过程中积累的，其解决也不可能一蹴而就。面对复杂的经济形势、改革阶段和环境问题，唯有转变增长方式和增长理念，才能实现共享度更高，创新能力更强，捕捉市场能力更强，机制体制更活，让知识、资本、技术、管理的活力竞相迸发，让生态环境保护的源泉充分涌流。为此，我们需要有对现有及未来严峻形势的客观研判，同时树立自信。一是要有理论自信，坚持以"绿水青山就是金山银山"理论为重要突破的马克思主义政治经济学，运用政治经济学去分析环境保护，从生产力、生产关系、社会生产力的政治经济学分析框架去指导我国环境保护和经济社会发展的融合，真正实现"绿水青山就是金山银山"，促进经济与环境形成浑然一体的关系、和谐统一的价值追求；二是要有道路自信，只有坚持中国特色社会主义道路，中国特色社会主义道路中的环境问题才能举全国之力、聚众家之长得到解决，让全体人民都公平享受环境保护的社会成果；三是要有文化自信，中国的传统文化向来都崇尚天人合一，中华文明积淀了丰富的生态智慧，中华传统文明的滋养，为当代中国开启了尊重自然、面向未来的智慧之门，也成为培育生态文明的有利土壤；四是要有制度自信，新政治经济学强调制度的地位和作用，制度是经济社会发展的内生变量，社会主义人民至上、举国之力、共同富裕的制度优越性决定中国有决心、有能力、有办法实现绿水青山与金山银山的互促共荣。

第二章　生态文明改革

党的十八大将生态文明建设纳入中国特色社会主义"五位一体"总体布局和"四个全面"战略布局；党的十八届三中、四中全会先后提出"建立系统完整的生态文明制度体系""用严格的法律制度保护生态环境"，将生态文明建设提升到制度层面；党的十八届五中全会提出"创新、协调、绿色、开放、共享"的新发展理念，生态文明建设的重要性愈加凸显。党的十九大提出要"加快生态文明体制改革，建设美丽中国"。历史的浪潮滚滚向前，生态文明新局面已经开启。在以习近平同志为核心的党中央坚强领导下，中国绿色发展之路会越走越坚定，越走越宽广，伟大的中华民族一定能给子孙留下天蓝、地绿、水净的家园，赢得永续发展的美好未来！

在此，本章从八个方面，较为全面、系统地诠释生态环境保护领域正在推进的主要改革工作：要提高政治站位，补齐生态环境"短板"，打好污染防治攻坚战，确保全面建成小康社会的胜利完成；要提升方向定位，贯彻新发展理念，确保生态文明高水平建设和经济社会高质量发展的融合协同；要实现生态环境保护领域的全面深化改革；要用最严格制度保护生态环境，落实地方政府环境保护主体责任和强化排污者污染治理主体责任；要加快推进生态环境治理体系和治理能力现代化；要严格实施环境功能区划、推进分区管治和分级管理；要严格落实生态环境监管并构建生态环境监管文化；还要用现代化经济手段、建立健全绿色金融体系来建设生态文明。

一、贯彻五大发展理念，补齐生态环境"短板"

党的十八届五中全会提出的"创新、协调、绿色、开放、共享"五大发展理念，是以习近平同志为核心的中央领导集体，站在时代发展的高度，立足国家发展全局，对经济社会发展规律的创新创造和最新概括，是"十三五"乃至更长时期我国发展思路、发展方向、发展着力点的航标灯塔。

对生态环保工作来说，五大发展理念是谋划"十三五"生态环保工作的科学指导和基本原则，是实施"十三五"生态环保规划的思想武器和行动指南。我们必须深入学习、抢抓历史机遇，按照自然规律保护生态环境，实现生态环境质量总体改善的战略目标，推动环保工作迈入新阶段。

（一）五大发展理念：观念的深刻变革，行动的根本遵循

理念是理论、路线、方针政策的灵魂和先导。五大发展理念是观念的深刻变革，着力点是实现发展方式五个转变：从过去的要素驱动及投资驱动转向创新驱动；从不协调、不平衡、不可持续转向协调；从高排放、高污染、单纯追求 GDP 转向遵循自然规律；从开放的低水平转向高水平；从收入差距过大非均衡走向共同富裕。五大发展理念互相贯通、互相促进、互相依托、互相支持、环环相扣，是具有内在联系的集合体，无论哪个发展理念贯

彻不到位，发展进程都会受影响。我们必须深刻把握、牢固树立五大发展理念，切实让新理念引领新常态，推动我国经济社会沿着五大理念的发展道路行稳致远。

"理者，物之必然，事之所以然。"五大发展理念解决了怎么发展和发展为了谁的问题，这个本质搞清，发展就不会走偏。中国已经步入中等收入国家行列，人口红利面临衰竭，环境约束更加刚性，简单地牺牲环境降低成本的发展模式难以为继。五大发展理念既是发展理念的新定位、新高度，更是有的放矢、务实可行的发展手段与工具，对环境保护领域具有方向性、决定性的重大影响，是"十三五"环保工作的根本遵循，更是从一纸蓝图到人与自然和谐发展的方案化、项目化、具体化。

1. 创新是引领生态环保工作的第一动力

实现经济发展与生态环境保护的平衡到"双赢"，是管理技术问题，更是观念认识难题，解决的出路在于思想创新。从"既要金山银山，也要绿水青山"的认识进步，到"绿水青山就是金山银山"的观念转变，给我们的思想观念创新奠定了基石。要正确处理好经济发展同生态环境保护的关系，必须牢固树立保护生态环境就是保护生产力、改善生态环境就是发展生产力的理念，把建设资源节约型、环境友好型社会作为转变经济发展方式的重要着力点，充分发挥环境保护的倒逼作用，有效传导到结构调整和经济转型上来，提升发展质量和效益，更加自觉地推动绿色发展、循环发展、低碳发展，绝不以牺牲环境为代价去换取一时的经济增长，绝不走"先污染后治理"的路子。

2. 协调是加强生态环境保护的内在要求

协调是提升生态环境保护整体效能的有力保障。要以协调理念加强宏观调控，完善环境预防体系，推动空间布局和产业结构优化。预防是环境保护的首要原则，包括划定生态红线、实施战略环评、完善环境标准等措施。按照"县市划定、省级统筹、国家备案、对外公开"的工作机制，发布生态保护红线目录，强化监督检查和惩戒问责，并与配套激励奖惩政策衔接挂钩，守住生态环境安全的底线；通过强化战略和规划环评，保持并提高生态产品供给能力，提升生态服务功能，因地制宜地发展不影响主体功能定位的适宜产业；通过完善环境标准体系，引导和推动企业技术创新、转型升级，减轻污染排放，促进环境治理。

3. 绿色是培育生态经济增长点的必要条件

绿色是效益问题，以绿色理念引领消费并带动生产方式转变，推动节能环保产业发展，形成新的经济增长点。"生物之丰败由天，用物之多少由人"。要弘扬正确的价值理念和消费观念，把生态文明建设和个人消费行为紧密结合起来，加快推进生活方式绿色化，以绿色消费革命倒逼生产方式绿色化和清洁生产，通过消费升级带动供给侧的结构性改革，促进传统产业生态化改造。结合"互联网＋"行动计划的实施，推进绿色供应链环境管理，推进绿色设计、绿色生产、绿色采购、绿色物流。

4. 开放是履行国际环境责任的必由之路

开放是中国基于改革开放成功经验的历史总结。中国作为大国要担当，要走向世界的担当。以开放理念积极参与全球环境治理和生态产品供给，有利于扩大我们的国际话语权，为全球治理格局和全球治理体制贡献中国智慧。实施"一带一路"倡议，推进中国装备、产业和产能"走出去"，需要环境保护提供相应的保障和支撑，如做不好，会直接影响投资安全，甚至给经济安全和国家安全带来负面影响。我们要高度重视，未雨绸缪，以全球视野加快推进生态文明建设，树立负责任大国形象。

5. 共享是绿色惠民的本质要求

让良好生态环境成为全面小康社会普惠的公共产品和民生福祉，既是社会主义制度优越性的集中体现，也是我们党坚持全心全意为人民服务根本宗旨的历史选择。"让居民望得见山、看得见水、记得住乡愁。"习近平总书记深情描绘的美丽中国，激发亿万人民对美好未来的向往，凝聚建设美好家园的同心众力。只有为人民，生态环保工作的意义价值才能产生出来。基本的环境质量是一种公共产品，是政府必须确保的环境基本公共服务，必须强化环保为民、惠民、利民的理念，集中力量优先解决关系民生的环境问题，要把良好生态环境作为公共产品向全民提供，让人民群众喝上干净的水，呼吸上新鲜的空气，吃上放心的食品。

万语千言，不去兑现就是谎言；千思万想，不抓落实就是空想。五大发展理念是全面谋划环保工作的总纲，为做好环保工作提供了总规范、总遵循，使工作更加有制可依、有规可守、有章可循。我们要把五大发展理念真正地落实到环保工作中去，以创新突破"瓶颈"，以协调促进平衡，以绿色补缺生态，以开放加强融合，以共享激发动力，补齐社会发展中的几大"短板"，全面建成小康社会的目标就指日可待。

（二）补齐生态环境"短板"：全面建成小康社会的关键所在和奋斗目标①

问题就是导向，国情决定国策。经济增长与环境损失并存，已经成为对中国执政者和政府管理者的严峻挑战。它不仅是一个健康和环境问题，也不仅是一个经济与社会问题，而且还是一个事关国家形象和政府公信力的政治问题，不能等闲视之。发展中的生态环境保护问题，已经是全面小康最大的"短板"。短板制约，既是影响协调发展的难点，也是引发重大风险隐患的薄弱环节，更是群众感受最直接、最不满意的地方。

当前，公众对良好的生态环境消费需求显著提升，环境质量改善与人民

---

① 秋缬滢．努力加快补齐生态环境短板，实现全面建成小康社会目标［J］．环境保护，2016 (12)：9－12.

群众的需求差距较大,环境问题易成为引发社会问题的燃爆点。公众环境意识和环境权益日益增强,参与的范围在扩大、程度在加深,对企业违法行为的社会监督正在成为新常态。这些问题处理得好,就可以实现经济发展、社会进步、民生改善的多赢;处理不好,就可能引发群体性事件,甚至影响社会稳定。

"小康全面不全面,生态环境质量是关键。"生态环境质量总体改善是检验我们工作的试金石和标尺。"罗马不是一天建成的",万事万物都有一个量变到质变的过程,从雏形到发展,再到蜕变成熟,这都需要时间积累。生态环境质量,不是抽象的、空洞的和不可捉摸的概念,而是一个点滴积累、沉淀演化的实际的、具体的和可见的过程,并通过过程显示出来。总体改善是从全国而言的,重点污染地区、重点污染问题解决明显缓解或有效解决,经济发达地区的环境质量全面实现改善,尤其是长三角、珠三角地区率先实现环境质量的全面、明显改善,中部地区环境质量不下降或略有改善,严格保护西部地区重要生态功能区和生态脆弱区,明显改善人居环境条件。

补齐生态环境"短板"离不开政府、企业和社会共治,良好生态环境,是提升人民生活质量的重要内容,也是全面建成小康社会的应有之义。让人民群众在全面建成小康社会过程中享有更多的"获得感"。把这些"短板"问题纳入"十三五"规划、纳入当前各项工作,一抓到底,久久为功,逐步化解,这就可以使全局工作再上一个新台阶。

1. 实施三大战役

深入实施大气、水、土壤污染防治行动计划,推进多污染物综合防治和环境治理,实行联防联控和流域共治。做好"大气十条"与 2017 年后续工作衔接,持续推进产业结构和能源结构调整,推动重点行业综合整治和改造提升。切实保护好良好水体和饮用水水源,加强重点流域水污染防治,提高水生态系统健康水平。加快完成"土十条"编制并组织实施,严格控制新增土壤污染。

2. 深化总量减排

改革完善总量控制制度，使总量控制成为质量改善的重要手段，扩大污染物总量控制范围，推行区域性、行业性总量控制，鼓励地方实施特征性污染物总量控制。完善污染物排放表，强化精细化管理和指标的刚性约束。

3. 落实达标排放

建立以企业为单元、覆盖主要污染物的污染排放许可制度，强化对排污单位的"一证式"管理和生命周期全过程监管。切实落实企业主体责任，以强化企业环境信息公开、推行企业环境信用评价、加强环保监督检查、严惩违法排污行为，推动企业达标排放。

4. 加强生态保护

建立生态系统过程综合调控体系，完善国家生态保护地，特别是自然保护区管理体系。实施山水林田湖生态保护和修复工程，构建生态廊道和生物多样性保护网络，构建生态廊道和生物多样性网络，全面提升森林、河湖等自然生态系统稳定性和生态服务功能。

5. 推进农村环保

坚持城乡环境治理并重，加大农业面源污染防治力度。深入实施"以奖促治"政策，开展新增13万个建制村的环境综合整治，完成农村集中式饮用水水源地保护区划定。推进有机农业等环境友好型农业生产方式发展，继续推进规模化畜禽养殖污染防治。

6. 严格风险防控

实施环境风险全过程管理，建立健全多层级的环境风险评估与管理体系，降低重金属、危险废物、化学品、核与辐射等重点领域环境风险，强化重污染天气、饮用水水源地、有毒有害气体等关系公众健康的重点领域风险预警,妥善处置突发环境事件。

"补小康短板"是一篇大文章,需要全社会共同破题,亟待我们用心补齐。扭住"短板",是抓住"牛鼻子"工程,需要我们用百倍的努力,一步一个脚印地真抓实干,"一等二看三通过"的等靠要不行,要靠每一个人实实在在的努力,紧紧扭住"短板"不放松,以最大的努力、最精准的发力,尽快补齐生态环境"短板"。

(三)环境治理体系和治理能力现代化:既是基本要求,又是基础保障

1. 基本要求

环境治理现代化是国家现代化的重要标志之一,是国家治理体系和治理能力现代化的重要组成部分和推动力量。环境治理体系和治理能力是国家环境制度和制度执行能力的集中体现,直接决定着环境治理的成效,既是国家治理体系和治理能力现代化的基本要求,又是加快推进生态文明建设、促进环境质量改善的基础保障,对推动和促进国家治理、完善和发展,发挥着不可替代的作用。

全面推进环境治理体系和治理能力现代化,与推进国家治理体系和治理能力现代化的出发点是相同的,落脚点也是一样的,都是为了党和国家事业发展、人民幸福安康、社会和谐稳定、国家长治久安,目标同向、行动同步、执行同力。这是一个强化环境为民利民、履行政府环境基本公共服务职能,不断提高环境管理系统化、科学化、法治化、市场化和信息化水平的过程,必然有利于推进国家治理体系和治理能力现代化。环境治理的创新在于共管共治,切入点在于环境管理战略转型,落脚点在于促进公平共享,基础在于加强环境制度建设,基本途径在于严格环境法治。实现环境治理体系和治理能力的现代化,就能够为完善和发展中国特色社会主义制度,推进国家治理体系和治理能力现代化,做出积极的贡献。

推进环境治理体系和治理能力现代化，必须加快改革环境治理基础制度。"我国生态环境矛盾有一个历史积累过程，不是一天变坏的，但不能在我们手里变得越来越坏，共产党人应该有这样的胸怀和意志。"习近平总书记掷地有声的话语，宣示了决心，更担起了责任。按照中共十八届五中全会部署，我们要更加注重改革的系统性、整体性、协同性，加快推进环境治理体系现代化。一是建立覆盖所有固定污染源的企业排放许可制，实行省以下环保机构监测监察执法垂直管理制度，解决一些地方政府重发展、轻环保和有法不依、执法不严、违法不究的问题。二是建立全国统一的实时在线环境监控系统，适度上收生态环境质量监测事权，建立全国统一的实时在线环境监控系统。三是健全环境信息公布制度，建立健全环境保护网络举报平台和制度，促进公众监督企业的环境行为，让每个人成为保护环境的参与者、建设者、监督者。四是探索建立跨地区环保机构，建立污染防治区域联动机制，提高环境治理的整体性和有效性。五是开展环保督察巡视，严格环保执法，提升监测监管执法能力。通过构建中国特色的、生态文明的政府、企业、公众共治的环境治理体系，全面提升环境治理能力现代化水平。

2. 基础保障

第一，把依法增强环境治理能力与强化环境法治建设结合起来。法治是环境治理体系和治理能力现代化的集中体现。要完善法律体系，加强立法修法，建立系统完备、高效有力的环境法制体系，确保各项工作有法可依、有法必依。要建设法治机关，提高运用法治思维和方式推动改革发展的能力，推行环保行政、刑事、民事案件"三审合一"，严格依法办事。要提升执法水平，完善执法程序，建立执法平台，细化环境公益诉讼的法律程序，健全监督机制。要加强普法教育，使全社会知法、懂法、守法。

第二，要把组织保障能力与改革环境监管方式结合起来。健全稳定、保障有力的组织管理体系，既是环境治理体系的重要内容，也是环境治理能力的坚实基础。要强化中央政府宏观管理、制度设定职责和必要的执法权，强化省级政府统筹推进区域环境基本公共服务均等化职责，强化市县政府执行职责。通过实行省以下环保机构监测监察执法垂直管理制度、跨地区环保机构建设，健全各级环境行政机构，转变政府职能、创新管理方式，完善环境的社会治理组织，完善基层环境治理机制。

第三，要把加强科技支撑能力与建立全国统一的实时在线环境监控系统结合起来。科技是环保强盛之基，是实现环境治理能力现代化的基础支撑。积极探索"互联网＋"，实施环保大数据工程项目，充分发挥环保科研机构和企业的各自作用，集合企业、科研单位优势，突破科研、生产的"瓶颈"，为实现全国污染源的实时在线监控提供技术保障。大力培育环境科技创新主体，促进科技成果资本化、产业化，提升科技成果转化率。

第四，要把干部队伍能力建设与开展环保督察巡视结合起来。按照培养具备全球视野和战略思维、适应督察巡视改革的高素质干部队伍要求，努力提升环保干部队伍素质和能力。要提升领导干部和行政机关推动环保改革的能力，着力增强把握市场规律、自然规律和社会发展规律的能力，科学决策的能力，依法办事的能力，处理复杂问题的能力。加强环境监管能力建设，提供必需的法制、体制、队伍等保障。

第五，要把信息化能力建设与全面推进信息公开结合起来。利用网络信息化平台，以充分发挥社会治理作用为重点，保障公众环境知情权、参与权、监督权和表达权。政府和企事业单位加大信息公开力度，主动通报环境状况、重要政策措施和突发环境事件，保障公众环境知情权。鼓励公众对政府环保工作、企业排污行为进行监督评价，通过建立沟通协商平台的方式广泛听取公众意见和建议，提升环境社会舆情引导能力，建立健全公众舆论监督机制。

机遇已经来临，关键在于谋、在于干。挑战客观存在，躲不开、绕不过，必须审慎应对。我们要保持"不畏浮云遮望眼"的清醒头脑，站在更高的起点上，抓住机遇，克服挑战，既"想一万"，又"想万一"，织网兜底，精准发力，才能做到"乱云飞渡仍从容"，推动"十三五"环境保护工作取得更大的新成效。

二、生态环境保护驱动高质量发展

2018年5月18日至19日在北京召开全国生态环境保护大会，中共中央总书记、国家主席、中央军委主席习近平出席会议并强调指出，我国经济已由高速增长阶段转向高质量发展阶段，需要跨越一些常规性和非常规性关口。我们必须咬紧牙关，爬过这个坡，迈过这道坎。如何定义高质量发展，如何推进高质量发展，怎样才算是实现高质量发展？对这些问题的答案离不开生态环境保护这一前提。

（一）生态环境保护是高质量发展的应有之义

安全和健康是现代人类生活最基本的需要。没有安全和健康，何谈其他，便利、舒适、高效、宜居、可持续也就无从谈起。从需求角度看，高质量发展的目标是能够很好满足人民日益增长的对美好生活的需要，这一导向体现了"以人为本"的新发展理念。改革开放40多年来，我国经济腾飞，创造了人类历史的奇迹，不仅极大满足了人民日益增长的物质财富需求，而且还大力推进精神文明建设，使人民对公共文化产品的需要也得到了相当程度的满足。然而，随着经济社会的发展进步和生活水平的不断提高，人们对洁净的水、清新的空气、安全的食品等基本公共产品和优美的环境等优质生态产品的需求日益增加，要求也越来越高。能够提供优质的生态产品，满足人民日益增长的优美生态环境的需求，已成为人民群众满意感、获得感的重要内容，是高质量发展的关键。

从供给角度看，高质量发展不仅是提高效率的需要，也是保证社会公平的重要组成部分。在供给侧结构性改革前提下，生态环境产品供给的核心是紧紧提高生态环境产品供给的全要素生产率，优化资源配置效率，其中既包括生态环境的生产效率，也包括组织效率、法制效率、政策效率。另外，空气、水作为人们每日生活的基本所需，其有效供给对消除由于收入、能力不同而产生的社会不公平也具有重要作用。在部分人群有可能通过移居或市场化手段获取满足自身需要的产品的同时，如何保障普通和低收入家庭的基本需要则是政府的责任。目前，我国生态环境保护的重要抓手主要包括环境规制、环境技术及关停并转迁等环境政策。其中，适当的环境规制可以倒逼企业投入更多的资源用于研发创新，提高企业治污减排效率，是实现高质量发展的基础；环境技术从生产全过程的源头、过程、末端等环节直接降低能耗强度，提高生产效率，获得竞争优势，是实现高质量发展的驱动力；关停并转迁则加速了相关行业淘汰落后产能的速度，提高了行业整体技术水平，促使行业转向高质量发展，是高质量发展的催化剂。生态环境保护是提高生产力和生产效率，实现高质量发展的应有之义。

当然，我们也并不回避，在推进高质量发展的进程中，关于如何进行生态环境保护的声音并不一致。随着发展方式的战略性调整和经济增速的进一步平稳，一些地方政府和企业纷纷向环保发难，"环保致经济下行""环保用力过猛""顾环保、不顾民生"等论调时有出现，环境保护与经济发展的关系一度被社会热议。

面对上述言论，我们不必急于加入争论或试图平息争议，而应当深入思考三个问题：一是这种声音由谁发出？二是为什么会发出这种声音？三是如何让真理发出声音？

第一个问题，在一个行业中，最先因环保加严而感受到成本压力的企业不是行业中最优秀的企业，而是技术最差、效率最低、成本最高的企业，正是这些企业对环保怒目而视。在一个国家中，最先因环保加严而感受到压力的地区也不是发展质量最好的地区，而是过去一向依靠放松环境规制而透支"污染红利"的地区。

第二个问题，习惯于享受"污染红利"的企业和地方政府，在遭遇地方经济发展"瓶颈"时，本能的反应就是先撇清自身长期环保不作为责任，从外界找原因，而不是归因于自身在环保方面的长期欠账。如果要将经济下行的原因归"咎"于环保作为，试问，过去几十年的经济快速增长难道要归"功"于环保不作为？得出这样的逻辑显然是荒谬的。要保持一个企业、一个地区的经济健康发展，一定要发掘新的动能，绝不能抱残守缺，把发展的动力来源系于"宽松的环保监管"。有这样想法的企业和地方迟早要自食苦果。

第三个问题，貌似历史长河中的每一次改革都是由少数人推动，而令大多数人受益。实际上，这台面上的"少数人"代表着人民的利益和呼声，他们代表人民发出了真理的声音。另外，环境保护既是约束，也是机会。当一些后知后觉企业和地方还在抱残守缺，质疑高质量发展模式的时候，一些先知先觉的企业和地方已经主动转向高质量发展模式。"沉舟侧畔千帆过，病树前头万木春"，当越来越多的个人、企业、地方政府正确处理保护环境与生产效率关系，享受到高质量发展带来的可持续的红利之时，自然就是真理发出强音、质疑彻底平息之时。

（二）生态环境保护是实现高质量发展的重要指标

小康全面不全面，生态环境很关键；高质量发展实现不实现，生态环境同样很关键。当前我国社会主要矛盾已经转化为人民日益增长的美好生活需要和不平衡、不充分的发展之间的矛盾，高质量发展正是为了满足人民日益增长的美好生活需求而做出的路径选择。因此，高质量发展能否实现，关键要看人民美好生活需求是否得到平衡、充分的满足，而能否满足人民对良好生态环境质量的需求，正是其中最为攸关成败的一项。

质量发展是一个复杂的系统工程，如何才算实现高质量增长，不能采取单一标准，而要针对复杂的形势建立体系化的标准。在这个标准体系中，生态环境质量这一指标至关重要。为实现这一指标，需要从风险防范、公共服务、质量改善等多角度入手、多方面权衡、多措施并举。具体而言，防范风险要靠精细管理"筑屏障"，公共服务要靠全面覆盖"填洼地"，改善质量要靠精准发力"辟蹊径"。只有多筑屏障，广填洼地，另辟蹊径，才能促成生态环境质量的根本改善，才能为高质量发展提供生态保障。

（三）生态环境保护是推进高质量发展的主要动力

要实现高质量发展的生态环境保护战略目标，必须牢牢把握基本路径，推动质量变革、效率变革、动力变革，这三大变革体现在经济社会发展的大势中，并准确刻画出中国生态环境保护推进高质量发展的路径。

1. 质量变革是做好高质量发展阶段生态环境保护工作的基础保障

发展质量的变革，不仅是产品和服务质量的变化，还是从理念、目标、制度到具体领域工作细节的全方位质量提升。为了实现这样的质量变革，我们需要牢牢把握质量变革的基础，抓住质量变革的关键，明确实现质量变革的目标。

质量变革的基础是精细管理和精准发力。面对经济社会快速发展带来的复杂环境问题，我国在人力、物力、财力、权力受限的情况下，生态环境保护工作取得了显著成绩。过去，我们抓大放小，将重点放在大企业、大流域、大城市；现在，这些大方面的治污减排潜力相对稳定，而小企业、小流域、小城镇的环境问题日益凸显。显然过去较为粗放的环境管理模式已经呈现边际效益递减趋势；此时，我们更需要的是精细管理，对症下药，要灵活多变、精准发力的"手术刀"式的治理方法。过去环境管理的出发点是政府，政府认为应当提供什么样的环境质量，就采取什么样的环境管理措施；现在环境治理的出发点是人民，人民群众需要什么，就提供什么样的生态环境产品和服务，这才是新时代质量变革的基础。

质量变革的关键是提高有效的生态环境产品和服务供给。在生产领域，高质量发展需要加强优质供给，减少无效供给，扩大有效供给。在生态环境保护领域，高质量发展同样需要加强生态环境产品和服务的供给能力。过去，我们在提高生态环境产品和服务的供给上已经做出了很大的努力，环境污染治理投资占 GDP 的比重由 2001 年的 1.05% 提高至 2015 年的 1.28%。然而，生态环境产品和服务的供给能力仍不理想。首先，由于环保投资强度大、偿还周期长，一些地区的环境基础设施投入仍然不足，环保设施运行效率不高，环保投入的杠杆作用效果差强人意。尤其是经济基础薄弱、经济发展水平较低、基础设施相对落后的西部地区，地方政府财力有限，融资渠道不畅，导致生态环境产品和服务供给整体不足。其次，已有的生态环境产品和服务，也存在有效供给不足和无效供给过剩的结构性问题。由于运行费用较高，一些垃圾处理厂、污水处理厂运行效率非常低，一些企业的治污设施形同虚设。此外，目前生态环境产品和服务的供给区域、城乡之间存在明显的失衡。生态环境产品和服务是公共物品，不论收入、地区，本应拥有同等权利，但现实中生态环境产品和服务的供给往往存在不均衡、不协调、不充

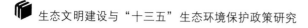

分的问题。因此，质量变革的关键不仅是要加大生态产品供给能力，还需要优化供给结构，提高供给效率。

质量变革的目标是提升人民的获得感、安全感和体验感。过去较长一段时期内，受发展阶段的限制，我们关注的重点是纳入统计口径的工业污染源，采取各种治污减排措施，以实现主要污染物的减排目标。尽管主要工业污染物排放得以快速削减，各大城市却仍然出现了雾霾。事实上，削减工业污染物排放总量是改善环境质量的必要条件，而不是充分条件。改善环境质量必然同时关注到过去我们忽视的污染物排放，比如城镇乡村的散煤燃烧采暖、散乱污企业的排放等。质量变革的目标应转向提升人民群众的获得感、安全感和体验感，全面提升环境质量，而不仅仅是削减统计口径中的污染物排放总量。以推动高质量发展作为生态环境保护工作的根本要求，引导政策重心转向追求环境质量和效益，以质量变革驱动高质量发展。

2. 效率变革是做好高质量发展阶段生态环境保护工作的根本目标

高质量发展阶段的内核是提高全要素生产率，提升技术、法制等效率，这也是生态环境管理的要务所在。效率变革是全方位的，包括监管效率、工作效率和协同效率三个方面的变革。

监管效率是宏观层面的变革目标，强调制度效率、运行效率和组织效率三个方面。要实现高质量发展，需要不断完善和丰满政策性环境监管、创新性环境监管、定制型环境监管。落实到监管效率方面，一要提高制度效率，最大化制度带来的收益，最小化制度带来的成本，降低交易成本，实现制度净收益的最大。二要提高运行效率，提高环境治理设施的运行效率，用高效率促进高质量。三要提高机构组织效率，要协调好多个主体之间的竞争合作关系，组织的典型特点是多目标最优化，为达到多目标最优化，关键在于通过适当的机制设计，将不同主体的目标整合起来，使不同主体为共同实现高质量阶段的生态环境保护而努力。总之，要坚持提高监管效率，要通过完善的制度安排、有效的运行机制、规范的组织管理，向分类监管、科学监管要效率。

工作效率是微观层面的变革目标，强调个体效率，重在提高生态环境保护过程中各个参与主体的个体效率，特别是要提高监管者的工作效率。同时，重点关注大数据、云计算、人工智能等在生态环境保护领域的应用，借此了解人民需求，掌握环境动态信息，及时规范企业治污行为，实现精准管理和工作效率提升。

协同效率既包括宏观协同，也包括微观协同；既包括环境治理主体之间的协同，也包括环境治理机制之间的协同。尽管我国生态环境法律法规日益完善，环境保护治理投资日渐增加，一些地方仍然没有完全走出"边治理边破坏"的粗放发展模式，工作中还存在"边干边完善，以后再规范"的现象，原因就在于政府在环境治理的过程中承担了过重的责任，而其他治理主体的自觉性和主动性没有发挥。因此，高质量发展阶段的生态环境保护需要的是各主体治理与协作性治理统筹起来，向多元共治要效率。

3. 动力变革是做好高质量发展阶段生态环境保护工作的关键保障

当前，全球资源环境与国际政治、经济、社会形势均处在快速变化之中，世界经济正在发生深层次变化，而我国则正面临增长动能转变和社会矛盾的重要变革。对于处在新时代的中国经济而言，实现结构优化、方式转变、动能转换比经济总量的扩大更为迫切，实现既有金山银山，也有绿水青山的高质量发展比经济提速更为重要，而这一切都要求生态环境保护工作本身也要做好动力变革。

平衡供需是工作原动力。过去，我们只关注生态环境的"供"，而忽略了"需"，致使生态环境产品和服务的供给不够充分、不够均衡、不够有效，不能满足需求。在高质量发展阶段，生态环境保护的工作原动力将从单一的"供"转向供需平衡，从而形成稳定的、均衡的动力，并进一步推进生态环境保护工作的变革。

创新是第一驱动力。习近平总书记多次强调,创新是一个民族进步的灵魂,是一个国家兴旺发达的不竭动力;在激烈的国际竞争中,惟创新者进,惟创新者强,惟创新者胜;创新是引领发展的第一动力。同样,创新也是生态环境保护工作不断推进的第一动力驱动。为此,应当大力发挥理念、机制、技术等创新在推动发展方式转变和经济结构调整、解决污染治理等问题上的作用,以此驱动高质量发展的实现。

环境文化是动力系统润滑剂。环境文化是人们在社会实践过程中,对自然的认识、对人与自然环境关系的认知状况和水平的群体性反映。"我们只有一个地球,维护世界环境人人有责!"环境是世界的环境,社会是世界的社会,企业是社会的企业,越来越多的企业开始关注环保,引入环保概念,进行环保文化建设。从消费者的角度,践行绿色文化,倡导绿色消费,可以形成良好的消费习惯,从生活方面减少环境污染,从需求角度倒逼企业绿色发展。从生产者的角度,通过环境文化的渗透,不仅可以迎合消费者的绿色消费需求,还可以形成有效的企业竞争力,实现环保与利益的"双赢"。消费者和生产者是环境污染的制造者和承受者,当环境文化和绿色发展理念成为这两个主体的共识,就如同给生态环境保护动力系统注入了润滑剂,让系统运转得更加流畅。

纷繁世事多元应,击鼓催征稳驭舟。变,不是无原则的变,更不是不守规律的变。变与不变是辩证统一的。质量、效率、动力变革,必须要遵守正确的原则要求,那就是要全面贯彻党的十九大精神,以习近平新时代中国特色社会主义思想为指导,加强党对生态环境保护工作的领导,坚持稳中求进工作总基调,坚持新发展理念,紧扣我国社会主要矛盾变化。如此,质量、效率和动力变革才能更有力、有序地变,我国生态环境保护工作在高质量发展阶段才能不断取得新进展。

三、生态环境保护领域的全面深化改革

（一）以改革保基本，以改革促提高①

"成天下之大功者，有天下之深谋者也。"面对国内外复杂多变的局势，中央将"稳中求进"作为推进各项工作的指导方针，有着极强的现实针对性。在生态环境保护领域，没有基于底线思维和风险意识的稳定作为基础，一切都无从谈起。如何做到稳中求进，进而言之，是如何正确看待稳与进的辩证统一关系，又如何通过改革创新来打通两者并贯穿始终，总体来说，就是"以改革保基本，以改革促提高"。

稳就是要有底线思维、防范环境风险，保基本的环境质量。有了这个稳，才能促进实现提高环境质量，而两者都要通过改革创新。相对于"不做事的人最快活"的守成，改革创新自然会打破固有的利益格局，改变既有的运行管理机制，在破旧迎新的过程中，自然会引发一些风险。但正是通过在此过程中风险有序释放出来，改革创新本身也会更好地促进保基本，同时改革创新还会通过释放新的活力和红利更好地促提高。

如果把保基本片面地理解为改革创新让路，甚至为求保基本而推迟改革创新，则不仅会错失改革创新时机，还会进一步拖累环境质量的提高。就目

---

① 雍阳仁. 稳与进［J］. 中国环境管理，2017（8）.

前而言，保基本反而更需要推进改革创新，如当前环境风险管理就对环境监管体制改革提出了迫切的要求，统一监管标准和加强监管协调已成为共识，并将为下一步的监管改革奠定基础。环境监管体制改革会为经济发展与环境保护提供正的外部性，但顺畅的监管传导机制和内生约束同样重要，而这就会在监管体制改革之外，又提出各种配套改革的要求。

大计谋而后定，大势察然后行。锐意改革创新，不仅是推进生态文明建设的引擎，更是开启环保工作的钥匙；不仅是保基本的力举，更是促提高的托手。既要保基本促提高，又要锐意改革创新，关键是把握好度，不能裹足不前，也不能急于求成，胆子要大，步子要稳。保基本促提高、锐意改革创新，在新形势下的生态环境保护战略实施中，应该相辅相成、相得益彰。在保基本中促提高是根本。只有保基本中促提高，才能为补齐全面小康的生态环境"短板"提供有利的外部条件，使生态文明领域改革任务顺利推进。如果生态环境保护工作核心不牢、靶心摇晃、秩序紊乱，不仅会影响工作的质量和效益，还会影响改革的进程，增加改革创新的难度。锐意改革创新是引领。只有锐意改革创新，才能为生态环境保护工作注入源源不绝的动力，才能进一步推进生态文明建设，确保"基本"、实现"提高"。

保基本促提高、锐意改革创新，完成"十三五"生态环境保护规划目标，应当突出重点、扎实推进。要以提高生态环境质量为核心，把握主攻方向、抓住关键环节、精准发力突破，还要坚持不懈打基础强基本抓基层，不断夯实履行使命任务的基石；要深化质量管理和专项治理，努力打赢污染治理"三大战役"，还要实行全程管控、维护生态安全，有效防范和降低环境风险；要加快实施一批国家生态环境保护重大工程，加大保护力度，还要强化源头防控，夯实绿色发展基础；要加强环境立法，强化环境监管执法，还要推进法治领域的改革向纵深发展，确保各项工作在法治轨道上规范化、有序化、制度化前行。

保基本促提高、锐意改革创新，在全面深化生态文明领域改革进程中，应当统筹谋划、有序推进。改革创新要注重顺应人民群众对过上美好生活的新期待，对生态环境质量的新要求。要推动实现中央环保督察全覆盖、稳步推进省以下环保机构监测监察执法垂直管理制度改革、加快排污许可制实施步伐、推动生态环境损害赔偿改革和完善环境经济政策等，积极推进治理体系和能力现代化。既要注重总体谋划，牵住"牛鼻子"，才有"一盘棋"效应，更要深入研究，抓好重要领域和关键环节的改革，使各项改革举措相互配合、相互促进，避免一哄而上、盲目推行，才能以重点突破撬动全局，最大限度地释放改革创新红利。

"信不弃功，智不遗时。"保基本促提高、锐意改革创新，为我们推进生态文明领域改革提供了顶层设计，为生态环境保护工作注入了新的制度动力。只要我们把握方向、狠抓落实，牢牢抓住难得的历史机遇，就必定能不断深化改革、大胆创新，推动各项工作取得实实在在的成效。

（二）以深化改革形成新动源

"初极狭，才通人，复行数十步，豁然开朗"，历史已经并将继续证明，只有勇于担当、坚韧稳健、大胆实践，不是只停留在口头上、止步于思想环节，才能打好生态文明领域改革"组合拳"。深化生态文明领域改革要始终遵循对改革大局有利、对环保事业发展有利、对环保系统形成完善的体制机制有利的原则去推进，才能给环保事业这艘航船不断增加新动源，而改革任务艰巨复杂，要坚持知行合一、攻坚克难，才能把全面深化改革这篇大文章做好。

知行合一、攻坚克难，抓住重点是形成新动源之基。大计谋而后定，大势察然后行。2017 年，我们要实现中央环保督察全覆盖、稳步推进省以下环保机构监测监察执法垂直管理制度改革、加快排污许可制实施步伐、推动生态环境损害赔偿改革和完善环境经济政策等，既是改革继续深化的必然要求，也牵动着环保系统和全社会关注的目光，必须抓紧抓实抓出成效，让新动源更加强劲。"唯改革者进，唯创新者强，唯改革创新者胜。"深化改革需要勇气，但不是盲目冒进；需要沉稳，但不是胆小如鼠。在战略上，要勇于进取；在战术上，要稳扎稳打。既要注重总体谋划，又要牵住"牛鼻子"，才有"一盘棋"效应，抓好重要领域和关键环节的改革，使各项改革举措相互配合、相互促进，才能以重点突破撬动全局，最大限度地释放制度红利。

知行合一、攻坚克难，抓好试点是形成新动源之要。胜人者有力，自胜者强。试点是改革的重要任务，更是改革的重要方法。加强对省以下环保机构监测监察执法垂直管理制度改革试点和生态环境损害赔偿改革试点的协调指导，承载着继续深化改革的很多期待。"骐骥一跃，不能十步；驽马十驾，功在不舍。"深化改革是一篇大文章，关系环保事业的重大战略部署，只有从一个个试点开始探索，不断积累经验并总结推广，才能图近功至恒远。开展试点既为大范围改革实践投石问路，也给局部先行先试辟出空间，有助于摸清规律，有利于降低风险。开展试点，体现勇气智慧，考验责任担当，要把时不我待的干劲与静水流深的稳劲结合起来，才能积小胜为大胜、积跬步致千里，发挥好试点对全局性改革的示范、突破、带动作用。

知行合一、攻坚克难，抓紧落实是形成新动源之本。"以实则治，以文则不治。"从实实在在的改革任务设计，到责任压实、要求提实、考核抓实的改革要求，再到构建以提高环境质量为核心的政策体系等务实的改革谋划，无不体现了一个"实"字，为我们真抓实干、把改革向纵深推进指明了方向，更为出真招、抓落实提供了标的。"知止而后有定，定而后能静，静而后能安，安而后能虑，虑而后能得。"落实才能出成绩，执行才能见成效。咬定目标抓落实，关键是有务实管用的工作机制和办法。要建立抓落实的台账，确保有硬任务、硬指标、硬考核，每项改革落实都要明确时间表、路线图，拧紧责任螺丝、提高履责效能，把抓落实的责任压实，发扬钉钉子精神，锲而不舍地抓好打基础利长远的工作，确保干一件成一件。

"世之奇伟瑰怪非常之观，常在于险远，而人之所罕至焉，故非有志者不能至也。"我们要更加深刻地认识和把握改革的历史必然性、规律性，更加坚定地肩负起深化生态文明领域改革的重大责任，用责任赢得信任、以勇气鼓舞士气、拿实干奠基未来，推进生态文明领域改革航船更加行稳致远，让改革事业在探索实践中不断开创新境界，书写出更加精彩的改革篇章。

四、大力推进生态环境治理体系与治理能力现代化①

2018年5月18日至19日在北京召开全国生态环境保护大会，中共中央总书记、国家主席、中央军委主席习近平出席会议并强调指出，要加快构建以治理体系和治理能力现代化为保障的生态文明制度体系。为了适应决胜全面建成小康社会，开启全面建设社会主义现代化国家新征程的要求，我们必须大力推进生态环境治理体系和治理能力现代化。为此，我们有必要从生态环境治理体系建设、治理能力建设、保障措施等方面进行总体谋划和深入讨论。

---

① 田章琪，杨斌，椋埏渝．论生态环境治理体系与治理能力现代化之建构［J］．环境保护，2018（12）：47-49.

（一）生态环境治理体系和治理能力之间的逻辑

治理体系和治理能力的主要是制度体系建设和制度执行能力。当前，生态环境治理体系和治理能力的建构与新时代价值理念的重构和绿色发展的现实需要是分不开的。

首先，治理体系的建构必然要以先进的治理理念为价值基础，否则，治理体系的构建将会盲目而缺乏前瞻性。其次，生态环境治理体系作为一个完整的制度运行系统，包含治理主体、治理机制（方法和技术）和治理效果等要素。治理体系是治理能力的基础。通过这些治理要素的设计建构一个有机协调同时又具有弹性的体系，才有可能形成强大的治理能力，满足生态环境保护工作对治理能力提出的需求。在此基础上，通过充分发挥治理能力功能推动治理体系的改进。因此，治理体系和治理能力是相辅相成的。生态环境治理能力不仅包含政府能力，还包含各治理主体之间的整合和相关资源的利用，运用合理工具和手段来解决问题和实现治理目标的能力。

生态环境治理不能是对国家治理的简单拷贝，而应深刻理解其特定的内涵和外延。在党中央全面深化生态环境治理改革、市场积极做出反馈应对挑战、人民不断提高对生态环境质量要求的新常态下，理想的生态环境治理应当由政府、企业、社会组织和公众通过开放参与、平等协商、分工协作等方式达成生态环境保护的决策，以实现生态环境权益的最大化。

生态环境治理体系包括治理主体、治理机制和监督考核三方面，是一个有机、协调和弹性的综合运行系统，其核心就是健全的制度体系，包括治理体制、机制、技术等因素所构成的有机统一体。生态环境治理能力的核心就是生态环境制度的执行能力，不仅包括指政府主导能力，也包括企业等市场主体通过整合利用相关资源，采用合法、合理的工具和手段治理生态环境的行动力，以及社会组织和公众的参与能力。

治理体系呈现相对静态，侧重治理要素构成，是治理能力形成的前提和基础；治理能力呈现相对动态，侧重治理要素的功能发挥，是治理体系有效运转的结果。鉴此，治理体系和治理能力之间的基本逻辑是：首先，治理体系是基础。一个有机、协调、弹性的治理体系是治理能力的前提保证。其次，治理能力既反映了治理体系能否有效运转，也提出了所需改进的内容。最后，治理体系构建和治理能力建设既要坚持问题导向，能解决当前经济发展带来的生态环境问题，又要坚持责任导向，导引未来生态环境治理的发展方向。突出生态环境问题和可持续发展能力从当前和未来两个时间维度明确给治理体系及治理能力提出了要求。为满足这些要求，治理体系和治理能力都需要进行相应的完善和提高。

（二）生态环境治理体系建设

根据党的十九大报告的要求，中国应加快生态文明体制改革，建设美丽中国，构建政府为主导、企业为主体、社会组织和公众共同参与的生态环境共治体系。

有效的国家生态环境治理涉及"谁来治理、如何治理、治理得怎样"三个问题，分别对应"多元参与""治理机制"和"监督考核"三大要素。

1. 多元参与

多元参与是要解决"谁来治理"或者治理主体的问题。

（1）政府为主导。生态环境治理要发挥政府主导作用，而非由政府负责，这是对现代化政府实现良治或善治的明确要求。政府在生态环境治理中的主导作用，主要体现在制定相关生态环境治理法规、政策和标准体系，制定与实施生态环境建设总体规划和专项规划，提供生态环境治理基础设施和公共产品服务，依法行政和依法监管，维护良好秩序、保障公共安全等。在由"全能型政府""管制型政府"向"服务型政府"转型的过程中，政府要全面正确履行其职能，加快转变，向创造良好生态环境环境、提供优质公共服务、维护社会公平正义转变；改进政府提供生态环境保护公共服务方式，推广政府购买服务，凡属事务性管理服务，原则上要向社会放权，都可以通过合同、委托等方式向社会购买服务，或者以 PPP 方式引进社会资本参与；建设效能型政府，增强政府在生态环境治理方面的公信力、执行力和服务力。

（2）企业为主体。在市场经济条件下，企业具有创新的内生动力，应在生态环境治理的多元参与中占有一席之地。生态环境治理要将企业为重要主体，发挥企业以追逐利润为目标，以符合市场需要为导向，以技术创新为核心竞争力的优势，在经济活动和竞争中优胜劣汰出最适合市场及消费者需要的产品及服务，从而形成良性循环。为此，各级政府要对企业在生态环境治理方面的努力做到引导而不强制，支持而不包办，服务而不干涉。企业自身更要转变观念，增强主体意识，努力做到在生态环境治理中依靠政府但不依赖政府，依靠政策但不单靠政策。

（3）社会组织和公众共同参与。充满活力的社会组织、有现代公民精神的社会公众是生态环境治理的活水所在。社会组织在治理中发挥公益、高效和灵活的作用，其在生态环境治理体系中的地位具有不可替代性。公众是环境治理的当然参与者，因为公众是环境污染的主要受害者，更重要的是，公众还是美丽中国的最终受益者，广大的拥有理性、责任、参与等公共精神的公民，是环境治理协作的动力源泉。

2. 治理机制

解决治理机制即解决"如何治理"，特别是如何实现善治良治的问题。治理机制是治理主体和客体之间的衔接桥梁，"善治良治"的前提就是主客体之间关系的科学认知。当前中国生态环境治理在机制和模式选择上应着力突出两个方面：一是根据依法治理理念，严格遵守国家已有的法律和法规，同时依法审慎地利用地方立法权，形成良好的法制环境。二是系统梳理和统筹整合制度、体制、机制、工具并实现相互之间的有机衔接，综合判别各种治理工具的优劣，高效集成治理工具箱，实现治理方法的智慧选择和有机组合。

3. 监督考核

监督考核是要解决"治理得怎样"的问题，即如何确保生态环境治理按照既有方针及政策施行。监督考核首先是依法治理的重要抓手。为加强生态环境治理能力，需要强化生态环境监督考核机制，从而将权力关进制度的笼子，加强对权力运行的制约和监督。同时，监督考核也是生态环境治理的有效途径，要通过健全和完善生态环境考核评价机制，建立起激励机制和容错纠错机制，形成积极倡导和实施良治的氛围。

（三）治理能力建设

在党的坚强领导下，从生态环境治理体系的理论构成出发，基于生态环境保护实践的现实需要，政府主导能力、企业行动能力、社会组织和公众参与能力构成了治理能力建设的基本内容。

1. 政府主导能力

（1）动员能力。政府动员能力是指政府依据自身权力和权威，发动和运用相关资源，履行职能，实现目标的能力。强有力的政府生态环境管理主管部门是动员能力的行政保障。随着生态环境保护由政府主导的一元化模式逐步演化为多元参与的治理模式，生态环境治理的政府动员能力更要厚植于多方协同参与，强调治理主体自我动员和动员其他参与方参与共治的能力。在多元协同参与的生态环境治理格局中，是否能够动员各治理主体共同参与到生态环境治理中来，是实现良治的集中体现。

（2）协同能力。政府协同能力是实现良治的必然要求。虽然生态环境治理主体的动员能力至关重要，但如果是一个行政部门的单打独斗，自然也是杯水车薪。只有所有相关政府部门协同形成合力，才能使政府的动员能力发挥出强有力的治理效用。协同是针对碎片化管理、条块分割治理的"双变革"，打破部门主义、区域主义的权力割据和势力范围，实现政府各层级、各方面职能的有机协调。一个尽在眼前的典型案例就是，在实施"煤改气"措施的过程中，尽管政府强大的动员能力已经如期完成了硬件设施的改造，却因为有关部门在供气能力上的"短板"未能及时解决，造成了供暖缺口影响民生，影响了良治的顺利实现。

（3）精细治理能力。在治理中强调精细化，不只是一种理念，更是一种能力。现代化的生态环境治理要摒弃经验化、粗放式的管理模式，而转向理念、制度、手段和技术全面精细化。不仅要求完善的制度供给、系统化的治理结构和功能耦合的治理体系，还要求各个治理单元精确、高效、协作，实现卓越管理，更要发扬"履职尽责、勇于监管、科学监管、严格问责"的监管精神。精细治理能力首先要基于现代信息技术，使治理主体能准确、快捷地辨识问题所在，实现"靶向治理"和穿透监管。

2. 企业行动能力

作为市场的主体，企业在生态环境治理中有着极为重要的地位和作用。一方面，企业是生态环境资源的使用者，理应成为生态环境治理的主体；另一方面，在政府的引导和动员下，企业为追逐利益，最有能力和潜力提供满足市场和消费者需求的产品和服务，从而实现高效治理。随着生态环境治理体系和治理能力建设的不断深化，越来越多的企业已经意识到，从短期看，参与生态环境治理给他们带来成本的提高，但从长远看来，参与生态环境治理能带来更多的收益，包括企业的价值收益、消费者对绿色品牌认同带来的收益，以及商誉等无形资产的收益等。

3. 社会组织和公众的参与能力

社会组织和公众的参与是完善生态环境治理多元主体机制的重要方面。在推进生态环境治理体系和治理能力现代化的过程中，一定要突出社会组织和公众的作用，发挥其主观能动性，在调动其积极性基础上，赋予其更多的责任和义务。一方面，要通过完善参与制度和保障监督权、加大宣传力度等方式充分调动社会组织和公众参与的积极性；另一方面，要通过整合社区资源、加强组织建设与管理等手段提高社会组织和公众的参与能力。为加强社会组织及公众参与能力建设，需鼓励有影响力、有领导力的人才来组织公众参与生态环境保护活动，并培育和扩大包括环保志愿组织和志愿者在内的社会组织，充分调动群众积极性，更好地服务于生态环境治理。

（四）推进生态环境治理体系与治理能力现代化的保障

生态环境治理体系和治理能力现代化，离不开"以人为本""法治思维""系统组织""创新支撑""学习发展"等作为保障。

1. 坚持人本治理

中国古代就有"民本"思想，如"民为邦本，本固邦宁"，"民为贵，社稷次之，君为轻"等，所以特别强调"养民"，如"德惟善政，政在养民"。以人为本的理念要求将"为人民服务"的思想在新时代继续发扬光大，形成从政府到企业，再到社会组织和公众的决策链条，让"为人民服务"思想贯穿生态环境治理体系和治理能力建设的全过程。

2. 坚持法治思维

法治是现代文明的重要特征，更是现代社会的核心价值之一。现代良治的权力也来自作为人民意志体现的法律文本中。良治的权力运用需要依照法律进行。法治对于生态环境治理体系与治理能力现代化具有重要意义。治理主体要有法律充分授权，才能进行依法治理。依法治理要求政府依法行政，企业、社会组织和公众要依法办事，问题的解决和发展不能违背法律的要求，治理的制度、体制、机制须符合法律的规定，特别是要严格治理企业的"随性管理、感性治理、任性排放"。

3. 系统组织实施

生态环境治理体系与治理能力现代化是一个系统工程。系统组织的根本指向就是统筹考虑各种因素进行综合施治，立足发展阶段，尊重发展规律，统筹全局，从生态供给形成、生态供给扩张、生态供给成熟、生态供给老化和生态供给退出全过程出发，充分考虑经济、法律、技术、行政、道德成本。从治理体系的结构来看，既要看到横向和纵向政府部门间、企业间、社会组织和公众间关系对治理的意义，还需要从全球治理、国家治理、省域治理、县域治理等多层次认识治理对象，从体制、机制和技术上全面优化。

4. 创新技术支撑

现代信息技术是精细治理的技术保障。精细治理就是要依托新技术、汇集众智实现。对科学化管理的要求，大数据和"互联网＋"的发展，使精细治理成为可能。借助科学的管理工具，充分发挥大数据、云计算和物联网等先进技术的工具理性，实现环境治理的精细化、精准化和精明化。结合"小聪明"与"大智慧"是克服环境风险溢价、实施精细治理的关键。精细治理是结合了"小聪明"（技术）和"大智慧"（理念、制度、体制、机制），强调和实现治理在制度、体制、机制和技术等方面的精细操作和动态调整，构建一个弹性、权变、可持续的治理模式。

5. 动态学习发展

由于生态环境治理需要长期推进，并历经不断的动态演进，因此，动态学习发展是实现生态环境治理体系和治理能力现代化的重要保障。生态环境良治的主体需要具备前瞻能力和长远眼光，充分考虑生态环境系统各要素间关系的动态变化后再进行调整，以环境偏好为引导，克服不充分、不平衡，从生态环境系统动态发展中寻找良治的长效动力源，并有效应对生态环境治理体系与治理能力现代化过程中所面临的问题和风险。

五、严格实施环境功能区划，精心呵护我们的家园①

主体功能区战略，是加强生态环境保护的有效途径，环境功能区划，是落实主体功能区战略的具体行动。2011年，国务院印发了《关于加强环境保护重点工作的意见》《国家环境保护"十二五"规划》，将编制环境功能区划提升到重要位置，成为主体功能区战略的重要内容。2013年5月24日，习近平总书记在中央政治局第六次集体学习时的讲话，对推进和实施环境功能区划作了具体部署，这是使我国走上科学发展轨道的一项重要战略举措。

（一）深入理解环境功能区划的内涵

深入理解和准确把握环境功能区划的内涵，是推进环境功能区划工作的重要前提。环境是自然界的存在状态，功能是事物能够提供的服务、发挥的效能，区划是进行状态调整、过程控制和政策安排的工具。环境功能是环境

① 董伟.严格实施环境功能区划保障区域生态安全［J］.环境保护，2013（20）：47-52.

各要素及其组成系统为人类生存、生活和生产所提供服务和使用价值，环境功能区划就是对区域环境功能的整体性、长期性、基本性问题进行思考、考量和设计而形成的工作部署和实施方案，并随着城市经济社会发展和环境保护的进程不断完善的一项工作。

环境，一般是指影响人类生存、发展的各种天然的和经过人工改造的自然因素的总体，包括大气、水、海洋、土地、矿藏、森林、草原、野生生物、自然遗迹、人文遗迹、城市和乡村等，环境功能属性包含健康保障和资源供给两个方面：一方面保障与人体直接接触的各环境要素的健康，即维护人居环境健康；另一方面保障自然系统的安全和生态调节功能的稳定发挥，构建人类社会经济活动的生态环境支撑体系，即保障自然生态安全。环境功能区划重点关注环境为人类生存发展，提供清洁的水、干净的空气、稳定的自然生态系统等健康保障属性。国土空间是人类赖以生存和发展的基础。一定尺度的国土空间都具有多种环境功能，但其中必有一种是主导功能。人类提出加强环境功能维护，便是实施环境功能区划，是随着人们处理与自然界关系的实践不断发展、认识不断升华的产物。

从区域发展定位、资源环境禀赋差异出发，制定有区别的区域规划，实施一系列有区别的政策，20世纪20年代开始就进行了实践和理论的探索，逐步成为世界各国政府调控区域发展的重要战略。早期重点是编制和实施有区别的城市规划和工矿区规划，中期重点转向通过实施规划着力促进工业区域建设和缩小区域差距，近期则从单纯经济开发规划向社会综合开发控制规划转变，更为突出综合统筹。80年代后，可持续发展概念逐步深入区域发展的各个方面，出现了明显的绿色化和差别化取向，特别是世界上很多国家以不同方式开展了环境分区管理，并进行了实践尝试。1989年，美国学者Bailey在研究美国和北美生态区域的基础上，编制了世界各大陆的生态区域图，用气候影响因子划分全美国生态大区，以局域地形、植被、土壤的分布状况对大区进行细化。之后，生态功能区划先后在加拿大、荷兰和新西兰等国得到实施；1987年，水生态功能区划在美国得以应用，此后在奥地利、澳大利亚、英国和欧盟地区得到进一步实施；在大气环境功能区划方面，以美国《清洁大气法》中的空气质量控制区为典型，制定不同的环境标准来实行分区管理。

促进区域协调发展，是我们党和国家的一贯方针。根据不同时期需要，党中央、国务院审时度势、高瞻远瞩，确立了区域发展总体战略，做出了一系列重大决策，并制定了相应政策措施。20世纪六七十年代，全国划分为一线、二线、三线；80年代提出了沿海与内地以及东中西三大经济地带概念；21世纪以来，形成了东部、中部、西部、东北四大战略区域。区域发展协调性不断增强，各地区经济平稳快速发展，基础设施加强，社会事业全面进步，能源资源节约和生态环境保护取得进展，人民生活水平明显改善。但区域发展中仍然存在有待解决的矛盾和问题，一些地区开发强度超过资源环境承载能力，一些地区发展潜力还没有充分发挥，经济布局和人口分布不尽合理，区域公共服务差距仍在扩大，为此，迫切需要根据不同区域的资源环境承载能力、现有开发密度和发展潜力，确定主体功能定位，统筹谋划全国经济布局、人口分布、资源利用、环境保护和城镇化格局，明确各地开发方向，控制开发强度，规范开发秩序，完善开发政策，逐步形成可持续发展的国土开发格局。2010年国务院印发了《全国主体功能区规划》，作为我国国土空间开发的战略性、基础性和约束性规划，按照优化开发、重点开发、限制开发和禁止开发四类主体功能区制定了差别化的区域政策和绩效评价体系，深刻体现了区域可持续发展理念。

主体功能区战略，突破了行政单元的区划约束，统筹了经济、人口和资源环境因素，赋予了区域发展更加丰富的内涵。但是主体功能区规划是落实了"保护中发展"，但对于"发展中保护"缺乏顶层设计，对开发中如何保护区域的主导环境功能和资源环境要素，怎样进行空间布局的合理配置和不断提升生态服务能力，安排得不够全面、深入，管理措施被动、单一，是"结果补救型"而不是"预防导向型"，是事后补救的、被动的、后置的，而不是事前预防的、主动的、前置的，缺乏一个具有空间开发全局协调性、资源环境引导统筹性和基础要素强制约束性的环境管理的顶层设计，避免区域开发造成环境管理事后、末端、补救的局面。因此，区域开发的环境管理要向前端推进，突出预防重于应对、规划区划引领管理，编制从要素处理、综合治理到社会管理，从要素末端到源头、过程、末端的全过程，发展到环境基本公共服务的规划区划成为迫切需要，环境功能区划应运而生，更是成为贯彻"发展中保护"的重要落地措施。

国土是生态文明建设的空间载体。通过推进经济、社会、环境建设，坚持尊重自然、城乡统筹、区域协调、合理布局、节约土地、集约发展的原则，合理配置产业、人口、基础设施、公共服务设施等经济社会要素，促进资源、能源节约和可持续利用，保护和改善生态环境，实现这些目标和任务，需要在环境方面做出主体功能区战略落地的顶层设计和总括安排，环境功能区划就是在国土空间开发格局尺度上，推进生态文明建设的生动实践和丰富探索。可以说，环境功能区划是我们在加快推进国家主体功能区战略进程中，为加强环境保护顶层设计而率先提出的，揭示其本质、丰富其内涵，把它作为一项重要环境战略予以推行，是环保部门参与综合决策的又一重要举措，对于我国环境规划理论方法体系创新具有里程碑作用，更是在探索环保新路中的创举。

所谓环境功能区，就是按照国家主体功能定位，依据自然环境的空间分异规律、生态重要性和承载能力判定每个主体功能区的环境功能，对主体功能区按环境主导功能最大化和"不欠新账、多还旧账"，进行空间划分而形成的借以实行分类管理的区域生态管控措施的特定空间单元。环境功能区划既是主体功能区战略关于生态环境保护领域政策要求的延伸，也是促进国土空间高效、协调、可持续开发的一项基础性环境制度；既是环境管理走向源头控制、精细化管理的理论基石，更是积极探索环保新路的重大创新实践，必将为保障空间开发秩序规范，空间开发结构合理，区域更加协调发展，提供环境支撑和基础保障，并给予环境以人文关怀。

准确把握环境功能区的分类及其含义。按环境功能的不同，以四类主体功能区为基础，可分为自然生态保留区、生态功能保育区、食物环境安全保障区、聚居环境维护区和资源开发环境引导区五类；按层级划分可以分为国家和省级两个层面。①自然生态保留区对应的是主体功能区规划中的禁止开发区域，包括依法设立的各级各类自然文化资源保护区域，以及其他需要特殊保护、禁止进行工业化城市化开发的重点生态功能区，主要环境功能是维持区域自然本底状态，维护珍稀物种的自然繁衍，保障未来的可持续发展。②生态功能保育区对应的是主体功能区规划中限制开发区域的重点生态功能区，包括生态系统脆弱或生态功能重要，资源环境承载能力较低，不具备大规模高强度工业化城镇化开发的条件，必须把增强生态产品生产能力作为首要任务，从而应该限制进行大规模高强度工业化城镇化开发的地区，主要环境功能是维持水源涵养、水土保持、防风固沙、维持生物多样性等生态调节功能的稳定发挥，保障区域生态安全。③食物环境安全保障区对应的是主体功能区规划中限制开发区域的农产品主产区，即耕地较多、农业发展条件较好，尽管也适宜工业化城镇化开发，但从保障国家农产品安全以及中华民族永续发展的需要出发，必须把增强农业综合生产能力作为发展的首要任务，从而应该限制进行大规模高强度工业化城镇化开发的地区。主要环境功能是保障主要食物产区的环境安全，防控食物产品对人群健康的风险。④聚居环境维护区对应的是主体功能区规划中的优化开发和重点开发区域，优化开发区域是经济比较发达、人口比较密集、开发强度较高、资源环境问题突出，应该进行优化开发的城市化地区。重点开发区域是有一定经济基础、资源环境承载能力较强、发展潜力较大、集聚人口和经济的条件较好，应该进行重点开发的城市化地区。主要环境功能是保障主要人口集聚地区环境健康。⑤资源开发环境引导区对应的是主体功能区规划中的能源和矿产资源富集地区，是能源、矿产资源集中连片开发地区，主体功能定位实行"点上开发、面上保护"，主要环境功能是保障资源开发区域生态环境安全。

正确理解以下几点特别重要：从环境管理的节点来看，环境功能区划服务于国土空间开发管理，相比传统的环境管理偏重于企业的达标排放以及产品的生态设计，管理节点进一步前移，是应对当前结构性环境污染严重的重要举措之一。从环境管理的思想来看，环境功能区划与主体功能区规划一脉相承，是主体功能区战略的环境管理具体实践，通过区分主体功能、优化空间结构、分区控制分类管理来推动，形成良性的生态安全格局，支撑健康的城镇化格局和农业生产格局，促进经济社会环境的协调发展，是主体功能区规划在环境领域的延伸。从环境管理的内容来看，环境功能区划的制定，将有利于分区制定环境功能保护、恢复、修复和合理利用的政策措施，环境管理的针对性更强，更能反映实际工作的需要，是环境管理制度的进一步深化。从划分的五个类型区看，可大致分为两类：一类是为国民经济的健康持续发展提供基本生态安全保障，包括自然生态保留区和生态功能保育区，构成国家生态安全战略格局；另一类是以保障区域人居环境健康为主，包括重点食物环境安全保障区、聚居环境维护区和资源开发环境引导区，是承载我国主要人口分布和经济社会活动的区域。通过采取不同生态保护与建设措施，可加快促进国家主体功能区的形成。这有助于创新区域调控理念和调控方式，调整国土空间开发思路和开发模式，形成科学的国土空间开发秩序。尤其要正确处理好主体功能区战略与环境功能区划的关系。主体功能区战略是加强生态环境保护的有效途径，主体功能区规划是国土空间布局规划，反映了未来国土开发活动的基本依据,具有基础性、战略性、约束性的特征,是其他各类空间规划的上位规划。环境功能区划是在区域主体功能定位的背景下,环保部门落实主体功能区规划要求,促进形成以主体功能区规划为基础、以各类空间规划为支撑,定位清晰、功能互补的国土空间开发规划体系的一项具体工作。要在坚持主体功能区战略的基础上,前瞻性、全局性地谋划环境功能区的发展,制定好主体功能区规划与环境功能区划之间衔接配套的政策体系。

编制实施环境功能区划,是全国主体功能区规划的落实和细化,主要目的是以尽可能少的资源消耗、尽可能小的环境代价支撑发展,核心问题是处理好格局、布局、目标和管理问题。格局包括城市化地区、农产品主产区和重点生态功能区三大格局,布局涉及产业布局、人口布局及生态保护布局等,目标是针对每个环境功能区制定不同的环境保护目标,管理就是为实现环境保护目标而要采取的各项环境管理政策措施。环境功能区划是指导、调控国土空间经济社会发展与环境保护的总体安排,经法定程序批准的环境功能规划是编制近期环境保护规划、详细规划、专项规划和实施区域环境管理的法定依据,既是引导和调控区域经济社会发展,保护和管理资源环境的重要依据和手段,也是环境保护参与经济社会综合型战略部署的工作平台,立足点和着力点是限制、优化、调整、落地,是从环境资源、生态约束条件角度为区域开发方向、开发程度提出限制要求,是资源环境承载力约束下的经济发展规模与结构优化,是基于生态适宜性的经济布局优化调整,通过划定并严守生态红线限制无序开发,把每项要求落实到每个地块、每个区域、每一个重点源,促进精细化、规范化管理。

环境功能区划的特征。一是战略性。在立足于解决当前业已存在重大环境问题的同时,密切关注未来可能出现的生态和环境问题,着眼于满足区域开发和生态环境建设对区域可持续发展支撑的战略需求,并做出相应的政策取向判断，制定环境管理分阶段战略。二是引导性。大力倡导绿色经济和循环经济理念，加强环境污染源头预防和全过程控制，对重点地区和敏感区域划定区域环境风险红线，实行红线控制，努力以环境保护引导和推进经济增长方式转变、产业结构升级和布局优化，构建符合区域环境功能的发展基础框架。三是约束性。强化资源环境承载力硬约束，明确生态功能、环境功能分区，强化自然资源的有序开发和合理利用、重点区域生态环境保护及环境风险防范体系建设，建立生态环境预警系统，从决策源头降低经济增长的资源和环境代价。四是强制性。通过采取严格的环境管理措施来维护，限制或禁止开发活动或提高门槛。

我们要推进的环境功能规划，是主体功能区战略的重要组成部分，编制实施环境功能区划，要牢牢坚持以人为本、界定环境主导功能、优化资源环境配置、保障人居健康、提供生态产品和提高生态服务功能六个理念，对于优化经济发展、改善环境质量、保障民生必将发挥重要作用；是从源头上落实主体功能区规划进行环境管理的顶层设计，科学分析、准确把握、提前预防生态环境建设与保护中存在和可能出现的问题，统筹谋划、研判提出环境管理对策和措施，坚持预防为主，有效防治出现风险和问题后再去补救、治理和堵塞，坚决做到不欠新账，促进人与自然和谐共处、良性互动、持续发展；是为所在区域的环境管理工作找到坐标、明确目标、查找问题、提出对策。因此，环境功能区划既是破解经济社会发展面临的资源环境管理约束和瓶颈问题的有力手段，更是大胆探索保障区域开发不造成新的环境问题、解决老的环境问题，从提高竞争力、满足幸福度、加强公共治理的角度把环境保护融入区域发展战略中，真正实现环境管理转型，从而使环境功能区划不但成为经济社会发展的必需，而且成为经过努力可以实现的选择。

（二）充分认识实施环境功能区划的战略重要性与现实紧迫性

环境功能区划是关系我国推进经济社会发展，落实环境优先、生态优先，形成人口、经济、资源环境相协调的国土空间开发格局的一项重要工作，我们必须从全局和战略高度，充分认识坚持推进环境功能区划的战略重要性与现实紧迫性。

1. 严格实施环境功能区划是推进生态文明建设，探索环境保护新路的重要举措

空间结构是经济结构和社会结构的空间载体，在一定程度上也决定着发展方式及资源配置效率。在实施区域发展战略过程中，我们不断探索国土空间开发规律，成效显著。但由于多种因素的影响，国土空间开发利用中也存在一系列问题，突出表现在：空间结构不合理，经济分布与资源分布失衡，生产空间特别是工矿生产占用空间偏多，生态空间偏少；生态系统整体功能退化，一些地区不顾资源环境承载能力肆意开发，许多国土成了不适宜人居的空间；经济布局、人口布局与资源环境失衡，一些地区超出资源环境承载能力过度开发，带来水资源短缺、地面沉降、环境污染加剧等。显然旧的开发理念不改变、开发模式不转换，资源承受不了，环境容纳不下，发展难以为继。要通过实施环境功能区划，把国土空间开发的着力点放到调整和优化空间结构、提高空间利用效率上，按照生产发展、生活富裕、生态良好的要求，逐步扩大绿色生态空间、城市居住空间、公共设施空间，保持农业生产空间，工业化和城市化要建立在对资源环境承载能力的综合评价基础上，合理压缩工矿建设空间和农村居住空间。

2. 严格实施环境功能区划是加快实施主体功能区战略，加强国土开发环境保护的必然要求

实施环境功能区划，是适应我国国土空间开发需要和资源环境特点的必然要求。特定国土空间的资源禀赋和环境功能，既是经济社会发展的支撑条件，又是经济社会发展的限制因素。国土空间开发，必须与环境功能和资源环境特点相适应。我国国土空间的环境功能具有多样性、非均衡性、脆弱性

三个突出特点。这些特点表明,第一,不是所有的国土空间都适宜大规模、高强度的工业化城市化开发,必须根据其自然环境属性,合理有序开发;第二,虽然我国国土辽阔,但人口众多,人均拥有的资源环境承载力大、适宜工业化城市化开发的国土空间并不多,必须节约集约开发;第三,不是所有国土空间都可以承担同样的环境功能,必须因地制宜,区分功能,分类开发。要根据国土空间的不同特点,以保护自然生态为前提,以资源承载能力和环境容量为基础进行有度有序开发,走人与自然和谐发展道路。实施环境功能区划,加快实施主体功能区战略,遵循经济规律和自然规律,从政策上促进人口分布与经济发展相适应,经济分布与资源承载力相适应,着力构建"两屏三带"为主体的生态安全战略格局,把国家生态安全作为国土空间开发的重要战略任务和发展内涵,充分体现了尊重自然、顺应自然的开发理念,是实现中华民族永续发展的必然要求。

3. 严格实施环境功能区划是坚持以人为本,促进经济社会健康发展的现实需要

实施环境功能区划,是实现科学发展的重大举措。首先,有利于全面贯彻落实以人为本的发展理念。我国区域发展的差距,不仅表现为各地区人均可支配财力的不平衡,而且表现为人均环境公共服务的差距。实施环境功能区划,就是要坚持以人为本,摒弃"只见物、不见人"的发展理念和模式,实现人口、经济、资源环境的协调,在满足物质需要的同时满足人们对环境、生态、健康等多方面需要,逐步实现公共服务均等化,最终实现共同富裕。其次,有利于促进城乡、区域的协调发展。长期以来,我们实行以行政区为单元推动经济发展的方式,这是造成经济增长与资源短缺和生态环境容量矛盾的重要原因。主体功能区战略就是要树立按区域谋划发展的理念,突破地区壁垒和行政分割。将这些安排落到实处,就需要推进环境功能区划,以资源环境禀赋和环境功能为基础,合理引导不同区域产业相对集聚发展、人口相对集中居住，促进经济社会和人口资源环境相协调，促进生产要素空间优化配置和跨区域合理流动，形成区域分工协作、优势互补、良性互动、共同发展的格局。再次，有利于推进经济发展方式转变、加快结构优化升级。目前，资源与环境状况对全国以及各地经济发展已经构成严重制约。一些地区超强度开发，一些城市"摊大饼"式发展，超过了当地资源环境承载能力。全国656个城市中，有400多个城市缺水，110个城市严重缺水，水资源制约十分突出。在一些重要生态功能区、生态脆弱地区、风景名胜区，也存在盲目开发的现象，造成河湖干涸、土地沙化、生态退化，使国家和地区生态屏障遭到破坏。实施环境功能区划，就是要通过明确不同区域的环境功能，使所有地区都根据功能定位因地制宜，根据经济、人口、资源和环境条件优化经济布局，这既有利于把转变发展方式的各项要求落到实处，解决过度开发隐患，也有利于促进经济发展方式转变，提高资源空间配置。最后，有利于提高经济社会永续发展的支撑能力。不顾资源环境条件的无序发展和杀鸡取卵、竭泽而渔的过度开发，已经造成一些地方严重的环境污染、生态破坏和资源枯竭，既不利于产业结构和布局结构的优化，也不利于经济增长质量和效益的提高。实施环境功能区划，就是要在前瞻性地谋划好我国未来陆地国土空间和海洋国土空间分布的基础上，与资源环境现状和潜力相协调，保护好环境主导功能，把该开发的区域高效集约地开发好，把该保护的区域切实有效地保护好，使有限的国土空间不仅成为当代人的发展基础，也成为后代人的发展基础。

4. 严格实施环境功能区划是提升环境管理水平，进行科学调控的重要基础

实施环境功能区划，是加快实施主体功能区战略的重要内容，有利于建立健全科学的环境管理监管体系，为实施差别化的区域环境政策、统一衔接的规划体系、各有侧重的绩效评价以及精细及时的空间管理提供了一个可操

作、可控制、可监管的基础平台。一是政策平台。在原有的区域政策基础上，明确不同区域的环境功能，可以为各项环境管理政策措施，提供一个统一公平的适用平台，大大增强环境管理政策措施的针对性、有效性和公平性。二是规划平台。环境功能区划作为战略性、引导性、约束性、强制性规划，可以为区域环境保护规划、城市总体规划等各类规划提供重要基础和依据，有利于增强规划间的一致性、整体性以及规划实施的权威性、有效性。三是评价平台。不同地区资源环境禀赋和环境功能差异很大，对经济社会发展的制约程度也不同，难以按同一标准去评价。根据环境功能实行各有侧重的绩效评价，可以提高环境绩效评价的科学性和公正性，有利于形成科学有效的激励机制。四是管理平台。可以为建立一个覆盖全国、统一协调、更新及时、反应迅速、功能完善的环境监管系统提供基础平台。如果每一平方千米国土空间的环境功能定位都十分清晰，编制一个电子化的空间规划图，就有可能做到对照规划图在计算机上进行远程管理，而且可以大大减少管理成本。

经济发展、社会进步同生态环境保护是一个有机的整体。经济发展是中心和基础，社会建设是支撑和归宿，生态环境保护是根基和条件。坚持推进环境功能区划，做好生态环境保护的顶层设计，发挥引导作用，就能够正确处理好人与人、人与自然的关系，形成人与自然和谐相处、经济社会协调发展的新格局。这不仅是对探索中国环保新路的完善、丰富和重大发展，也是对环境管理理念、方法的升华，不仅对经济发展有重大而深远的意义，而且也是对环境保护的重要贡献。

（三）编制环境功能区划的基本原则和重要内容

编制实施环境功能区划，对资源环境开发和经济社会发展进行整体谋划，避免出现布局型、结构型环境问题，保障区域生态安全和人居环境健康，是大力推进生态文明建设，加快形成人口、资源、环境相协调的国土空间开发格局的一项重大任务，涉及面广，技术要求高，政策性强，要作为一件大事切实抓紧抓好、抓出成效。

编制环境功能区划的工作自 2009 年 3 月开始启动，已经取得了很大进展。国务院有关部门成立了专门的工作领导小组，组织开展了环境功能区划的内涵特征、技术框架、生态红线划定等基础研究工作，编制完成《全国环境功能区划纲要》和《全国环境功能区划编制技术指南（试行）》等文件，并在 13 个省（区）组织开展了环境功能区划编制试点工作，这为编制好环境功能区划打下了好的基础。

进一步做好主体功能区规划编制工作，必须遵循以下重要原则。①坚持把尊重自然、顺应自然、保护自然作为本质要求，集聚人口和经济的规模不能超出资源环境承载能力，避免过度开发，着力提高资源利用效率和生态环境质量，形成人与自然和谐发展的经济发展新格局。②坚持开发与保护并举、把保护放在更加重要的位置，根据环境功能定位，落实区域开发的各项要求，重在合理开发利用和保护资源、保护环境。③坚持把以人为本、可持续地满足人民群众日益增长的物质文化需要作为出发点和落脚点，突出以人为本的发展要求，持续改善城乡环境质量和保障居民健康，满足城乡居民享有优美宜居环境的基本权利。④坚持把建立健全长效机制作为根本保障，把健全法制、强化责任、完善政策、加强监管相结合，形成区划实施的激励和约束机制；把深化改革、严格管理、技术进步相结合，形成推进区划实施的创新驱动机制；把政府推动、市场引导、公众参与相结合，形成区划实施的推进机制。当前和今后一个时期，推进环境功能区划重点要做好以下工作：

1. 不断建立健全长效工作机制

在目前正在修订的《环境保护法》中明确规定，"根据国家主体功能区规划，组织编制国家环境功能区划，在重要生态功能区、陆地和海洋生态环境敏感区、脆弱区划定生态红线，严格实施生态红线管理制度"，探索建立

生态文明建设与"十三五"生态环境保护政策研究

国家主体功能区规划、经济社会发展规划与环境功能区划的紧密衔接、信息共享的联动机制，在区域开发规划、城镇化规划等相关规划编制、城市基础设施建设和土地开发利用等重大安排中，要把环境功能区划的相关要求作为重要依据和必要支撑，予以充分采纳，推进绿色发展。

2. 加强环境功能区划技术支撑体系研究

环境功能区划编制是一项创新性很强的工作，必须深入研究、科学制定。要广泛动员自然科学、社会科学等多学科力量，充分借鉴国外先进经验，深化对环境功能区基础理论、评定方法、政策措施和体制机制等方面问题的研究。要深入基层调查研究，了解情况，解决问题，努力提高区划的科学性和有效性。要集中力量突破区域人口资源环境承载能力评价技术方法和经济社会生态效益综合评价技术方法、资源消耗上限和生态环境容量底线评价技术方法、基于主体功能区定位的环境功能区划技术等关键问题，研究提出基于环境功能区的环境质量基准确定办法、基于环境功能区的污染排放标准和总量控制限值确定办法、基于环境功能区的分区环境风险管理办法，在试点实践的基础上，研究出台环境功能区划编制技术规范，建立一套科学系统的环境功能区划技术支撑体系。总结上述要点，出台《基于环境功能区的红线划分标准与管理导则》。

3. 逐步完善环境功能区划实施管理制度

环境功能区划是从环境功能角度落实主体功能区战略的政策实践和手段创新，是对主体功能区战略的丰富和拓展，是以环境保护优化经济增长、推动可持续发展的重要抓手和主要措施。要研究制定基于环境功能区划的环境准入制度、环境影响评价制度、环境质量考核制度、污染排放标准制度、总量控制制度、环境转移支付制度等重大环境管理制度和政策，编制《基于环境功能区划的环境管理制度导则》，加强对环境功能区划编制、审查和实施的管理，建立环境功能区划实施的调度、评估和考核机制，提高区划编制水平和实施力度。

4. 着力开展生态红线的划定与管理支撑制度的科技攻关

生态红线是环境功能区划的一项重要制度安排，是在进行环境功能区划时确定的，对保障国家和区域生态安全、提高生态服务功能具有重要作用区域的边界控制线。要组织高层次专家进行集中研究攻关，研究和论证哪些要列入生态红线，提出环境质量、污染排放、总量控制、生态环境风险等具有约束力的红线管控体系划分方法和管理技术要点，形成一套相对完善、可操作性强的生态红线划分、测定与评估方法，保障国家和区域生态安全，提高生态服务功能。严格实施环境功能区划，划定并严守生态红线，事关国家长远发展，事关人民群众切身利益。应坚持正确的舆论导向，通过多种方式大力宣传编制实施环境功能区划的重要意义和紧迫性，宣传区划的指导原则、重点任务和政策措施，在全社会形成广泛共识，得到广大人民群众的理解和支持。

六、推进城镇、农业、生态空间的科学分区和管治的思考①

党的十九大报告指出，"必须坚持节约优先、保护优先、自然恢复为主的方针，形成节约自然和保护环境的空间格局、产业结构、生产方式、生活方式，还自然以宁静、和谐、美丽"，这为生态环境空间治理指明了方向，

---

① 纪涛，杜雯翠，江河. 推进城镇、农业、生态空间的科学分区和管治的思考［J］. 环境保护，2017（21）：70-71.

建立健全统一衔接的空间规划体系，提升国家国土空间治理能力和效率是我国深化体制改革的一项重点任务。在未来的国家空间管治大局中，科学合理的空间类型与空间单元划分必将成为最基础、最关键的工作，唯此，才能更精准地锚定空间管治对象，采取更精细化的管治措施。

（一）生产空间、生活空间、生态空间的模糊性

1. 新经济驱动的城镇化发展使得生产空间和生活空间日益混合

城镇化是人类通往现代化的必经之路，人口和经济向城镇空间聚集也是一条基本规律，而城镇化与工业化相辅相成，始终是融为一体、相互促进的过程，既然很难区分生产和生活空间，也就不应该从这一维度上进行划分。1933年，《雅典宪章》提出，居住与工作是城市的两大基本功能，生产活动和生活活动应是人类在特定时空环境中同时存在的两种行为，只是具体内容与形式有所差别。因此，很难将生产与生活在某一时空环境中分而待之，更不能割裂地处置它们，否则将可能引发城市无法正常运行的后果。现实中，存在着不少因人为划分生产和生活功能区，而导致职住分离、钟摆通勤等城市运行突出矛盾。随着互联网经济的发展，孕育产生了很多新业态，这些产业对土地需求出现了颠覆性变化，对独立生产空间的需求越来越弱，生产空间和生活空间的界限进一步消弭，而且这不是孤立的、少量的现象，众创空间所折射出的生产空间生活化、生活空间生产化已经越来越成为一种趋势。

2. 产城融合、职住均衡使得生产空间和生活空间紧密相连

产城融合是城市化和工业化发展到成熟阶段的必然产物。一方面，工业化的发展需要城市功能的同步提升，从而实现工业发展所需要的各类要素的不断集聚，例如，美国匹兹堡曾经是污染很严重的老工业区，城市功能不断衰败，城市发展受到制约，最终通过注入科技、教育等新兴产业，提升城市

创新功能，才使自身重新获得了新发展活力转型成功。另一方面，城市发展也需要产业功能的支撑，从而避免成为"空城""死城""睡城""鬼城"，以获得可持续发展的动力，例如，依托纺织业发展又衰退的曼彻斯特等都是产业发展制约城市发展的鲜活案例。可见，城市的兴衰与产业的发展紧紧相连，生产空间与生活空间也必然渐渐融合。可以说，没有一个空间是生产频繁、生活低调的，也没有一个空间是生产消沉、生活繁荣的，只有通过产城融合才能实现产城共荣。因此，生产和生活的紧密相连是发展趋势，也是历史必然，这也正是无法按照生产空间和生活空间进行分类区划原因所在。要想通过空间规划手段来实现对国土空间的开发利用和保护进行有效管治，各类空间的外延应该有十分明晰的界定，不能出现交叉和重叠。

3. 经济结构的多元化和城乡生活方式的差异化使城乡生产、生活和生态空间的污染特征和环境功能属性特征愈加复杂

从产业结构看，生产活动既包括以面源污染为主的农业生产，也包括以点源污染为主的工业生产，农业空间既具有粮食生产的功能，也具有生态系统服务的功能。从环境治理的角度来看，针对不同的污染类型和环境功能，要采用不一样的环境政策。长期的城乡二元结构使我国城市与农村的环境问题存在很大差异：在城市，生活污染主要来自汽车尾气、生活污水、工地噪声、冬季采暖等；在农村，生活污染则主要来自禽畜粪便与生活垃圾。可见，生活污染的类型与方式在城乡之间差异巨大，如果将这两者都划分到生活空间，则实现不了空间划分、分而治之的作用。

（二）科学划分城镇空间、农业空间、生态空间的意义

1. 城镇、农业、生态的空间划分是遵循城镇化发展与人地共生关系的科学规律

我国的工业化发展已经进入中后期阶段，城镇化进程相对滞后许多，而

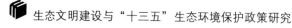

且区域之间很不平衡。尽管改革开放以来，我国的城镇化率已经由1978年的17.92%激增至2016年的57.35%，但这与全球其他中高收入国家的城镇化率相比还是较低。2015年，美国的城镇化率是81.62%，英国的城镇化率是82.59%。在未来很长一段时期，城镇化仍将是我国现代化进程的主要方向。以往40年的城镇化进程中，我国走过不少以环境换发展的弯路，在新的历史时期，为避免城镇化进一步发展和国土空间开发带来的环境破坏和生态压力，必须坚持生态优先，不走老路。因此，通过科学的规划把国土空间划分为城镇、农业、生态空间，通过严格的空间管治措施引导其集约高效利用和保护，符合经济社会发展的历史规律，符合人工系统与自然系统耦合共生的天人合一规律，也满足了环境治理的现实需求。

2. 城镇、农业、生态的空间划分与满足人民群众不同层次的功能性需求紧密相连

人类社会是在与自然界不断交互作用的过程中实现发展的，对于自然资源的获取和配置都需要服从并服务于人的生存和发展。现代社会无论科技多么发达，生产力水平如何先进，人类的基本需求还是相对稳定的。首先要有能够呼吸新鲜的空气、饮用干净的水，其次需要充足的食物，最后要有相对稳定舒适的居住环境，而这些衣食住行的需求都需要相应的空间资源予以保障。这些都是最根本的民生福祉，有了这些才能谈到人的发展，开展多姿多彩的生产生活。对于生活在城镇和农村地区的人们来说，构成其福祉的因素是不同的。相应地，我们必须要划分与之相匹配的城镇、农业和生态空间，以此满足人民群众不同层次的功能性需求。

3. 城镇、农业、生态的空间划分使得落实国土空间管控的技术政策路径清晰起来

党的十八届五中全会明确指出，要以主体功能区规划为基础统筹各类空间性规划，推动"多规合一"。2010年底，国务院印发的《全国主体功能区

规划》提出了我国国土空间开发的三大战略格局,即城市化战略格局、农业战略格局、生态安全战略格局。以主体功能区规划为基础,首先,要落实主体功能区的基本理念和战略格局,就是要把三大战略格局在市、县层面精准落地,把每一块土地是否适宜城镇开发、是否利于农业生产、是否需要生态保护;其次,在搞得清清楚楚的前提下,将国土空间划分城镇空间、农业空间和生态空间,这是与主体功能区规划一脉相承的,也是落实建设主体功能区这个经济社会发展和生态环境保护大战略的具体途径。

(三) 如何推进城镇空间、农业空间、生态空间的空间分区

1. 在空间分区管治中,必须采用底线思维

只有找到底线,才能了解社会的成本和收益曲线,才能确定最优的公共物品供给量;只有找到底线,才能确定环境保护工作的下限;只有坚持底线思维,才能正确看待环境保护在经济社会发展中的决定性作用;只有坚持底线思维,才能使三个空间共生共荣。

2. 在空间分区管治中,必须抓住核心问题

尽管不同地区的关键问题有所差异,但当前有一些共通的突出问题:城镇空间要抓产业空间的无序扩张和城市开发边界,农业空间要抓耕地和基本农田的保护,生态空间要抓红线的保护。只有这样,才能厘清各类空间的本质问题,找到解决问题的差异化方案;只有这样,才能针对不同空间的本质问题,抓住重点,有的放矢,一一解决;只有这样,才能彻底贯彻全国主体功能区规划,推动"多规合一"向国家空间规划体系整体性治理的迈进。

3. 在空间分区管治的过程中,必须注重规划管理平台的建设

构建起我国空间治理的大数据库和案例库,通过历史特征的比对,迅速

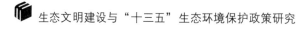

找到相应问题的解决方案。此外，应注重城镇、农业、生态空间的动态管理，根据发展和管控需求及时调整空间范围和政策工具，让环境治理灵动起来，管而不僵、治而不死，营造出人与自然和谐共生的美丽中国。

七、积极构建生态环境监管文化[①]

2018 年 5 月 18 日至 19 日在北京召开全国生态环境保护大会，中共中央总书记、国家主席、中央军委主席习近平出席会议并强调指出，要通过加快构建生态文明体系，确保到 2035 年，生态环境质量实现根本好转，美丽中国目标基本实现。到 21 世纪中叶，物质文明、政治文明、精神文明、社会文明、生态文明全面提升，绿色发展方式和生活方式全面形成，人与自然和谐共生，生态环境领域国家治理体系和治理能力现代化全面实现，建成美丽中国。

要建设美丽中国，需牢牢抓住生态环境监管这个关键环节，因为加强生态环境监管是最为重要的生态环境治理与保护手段；而要加强生态环境监管，则需构建生态环境监管文化，因为加强文化建设是生态环境监管的根基和底色。

---

① 杜淼，罗媛媛，椋埏渝. 构建生态环境监管文化的若干思考 [J]. 环境保护，2018 (16)：42 – 44.

（一）为什么需要生态环境监管文化

管理之于企业即为管理，管理之于政府即为监管。现代管理学之父彼得·德鲁克在《管理》一书中把管理与文化明确地联系起来，认为管理意味着用智慧代替鲁莽，用知识代替习惯，用合作代替强制。管理不只是一门学科，还是一种文化，有它自己的价值观、信仰、工具和语言。同样，监管也是一种文化。所谓文化就是文治与教化，生态环境监管文化是在生态环境保护部门成员相互作用的过程中形成的，为大多数成员所认同的监管思想、价值观念、行为习惯等的总和，就是生态环境部门信奉并付诸实践的价值理念。

管理学上有一个理论叫"经理封顶"原则，认为企业能走多远，能长多大，取决于企业家精神和才能。的确，一个组织只能在其价值观内成长，组织的成长被其所能达到的价值观所限制。党的十八大以来，将生态文明建设纳入中国特色社会主义事业"五位一体"总体布局，特别是中共十八届五中全会把"绿色发展理念"上升为"五大发展理念"之一，既要金山银山，更要绿水青山的朴素哲学为中国生态环境监管吹响了号角。党的十九大报告进一步指出，要提供更多优质生态产品以满足人民日益增长的优美生态环境需要。党中央为生态环境明确了越来越高的价值观，也为生态环境监管备好了后盾，意味着中国的生态环境保护在正确科学、高瞻远瞩的价值观指导下，将走得更远、更好。

如何保证中国生态环境保护不辜负党中央的重托和人民的厚望，一支政治坚定、业务过硬、风清气正的生态环保队伍是核心所在。近些年来，随着我国生态环境保护工作的深入开展，环保人的专业能力和政治素养得到普遍提升。然而，如何让"1＋1＞2"，让每个人在生态环保组织内部充分甚至超常发挥个人优势，事关能否提高生态环保部门运作效率，提升环境监管水

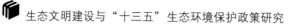

平。这个关键的答案就是生态环境监管文化。构建生态环境监管文化的重要性主要体现在如下方面:

第一,构建生态环境监管文化,有助于统一环保队伍的环保思维和监管思想。从微观角度看,让每个环保工作者都清楚认识环保工作对环境监管的意义,以及生态环境监管对经济社会可持续发展的作用。从宏观角度看,构建生态环境监管文化有助于将"绿水青山就是金山银山"的重要思想落实到位,让中国生态环境保护紧紧围绕党中央关于绿色发展的核心理念,成为实现绿水青山就是金山银山"双赢"局面的先行者。

第二,构建生态环境监管文化,有助于增强环保队伍的凝聚力。生态环境监管文化就像是敌我对峙时,我方吹响的号角,燃起生态环境监管人员的斗志,激发生态环保工作者的潜能;生态环境监管文化就像是改革开放之初"时间就是金钱,效率就是生命"的口号,让参与生态环境保护的各个主体有了统一、明确的目标和行动指南;生态环境监管文化就像是环保领域的一种传承,让一代又一代环保人有了文化的传承,精神的延续。

第三,构建生态环境监管文化,有助于让更多的人和组织积极参与到生态环境保护中。生态环境监督文化不仅是环保人的价值观念和行动习惯,还是环保面向公众的一扇窗。一方面,让更多的被监管者了解环境监管文化,有利于从思想上引导行为;另一方面,让更多的公众了解生态环境监管文化,有利于更大范围地调动公众参与生态环境监管的积极性。

(二) 生态环境监管文化的内涵

1. 精神

何为生态环保精神?生态环保精神是生发于中国生态环境监管的实践,积蕴于现代环境保护事业的发展历程,在经济社会快速发展与生态环境日益破坏的冲突中迸发出来的,具有很强的集聚、动员与感召效应的精神,是中国生态环境保护部门软实力的重要显示。生态环保精神与全球化时代的历史责任相适应，与中国经济社会长久发展的远期目标相匹配，与生态环境部门的荣誉和职责相关联，是生态环境监管文化的灵魂。

2. 形象

形象是一个组织及其成员的具体形态或姿态，也是组织内在品质的外部反映，树立良好的环境监管形象，既是生态环境监管的内在需求，也是社会发展对生态环境监管的外在需求；树立良好的生态环境监管形象，不仅有助于缓解监管者和被监管者之间的紧张关系，提高生态环境监管效率，更有助于将生态环境监管的目的和内容更好地传播给公众，进一步完善环境保护的公众参与机制和舆论监督机制，建立生态环境部门与公众之间的桥梁和纽带。

3. 素质

随着社会治理和环境监管的整体推进，对生态环境监管人员的要求也日益提高，因为生态环境监管人员的素质直接关系到环境执法力度的加强和削弱。因此，对生态环境监管人员的素质要求也成为生态环境监管文化的重要组成部分。这就要求生态环境监管人员，一要加强对环保法律法规的学习，深入理解和体会相关要求制定的前因后果和内在机理；二要加强信息获取能力，在生态环境监管的过程中，多角度、多点位、多层次获取相关信息，通过对信息的高效运用提高监管效率；三要加强专业培训，通过专题培训、岗位培训、学历培训等形式，提高其环保专业知识水平，缩小中央与地方、顶层与底层的差距；四要加强自身修养，强调人格的自我完善，时刻牢记生态环境监管的权利是人民赋予的，树立环境监管的权威。

4. 内外环境

文化不是孤立存在的，而是存在于各种内部和外部环境之中。生态环境监管文化就存在于生态环境保护组织内外部的影响环保业绩的各种力量和条件因素的总和。生态环境监管文化所处的环境存在于生态环境监管部门的界限之外，但却可能对生态环境监管行为产生直接或间接的影响。正因为如此，在生态环境监管文化的建设中，其内外环境不容忽视。从外部来说，生态环境监管文化受到政治制度、社会制度、文化水平、风俗习惯、价值观念、宗教信仰等多种环境因素的影响；从内部来说，生态环境监管文化又受到生态环境监管部门的财力、生态环境监管人员的素质、生态环境监管工作的重视程度等诸多因素的影响。上述内外部环境因素的大小、结构、方向都将直接影响生态环境监管文化建设的成败。

（三）生态环境监管文化的基本遵循

1. 与时俱进

生态环境监管文化不是一成不变的，如果生态环境监管文化不与时俱进，缺少创新，那么非但起不到预期作用，相反会成为生态环境监管进一步发展的桎梏。一方面，经济社会发展日新月异，在日渐复杂的环境问题中，没有恒久不变的环境问题，也没有恒久不变的生态环境监管文化，这就从客观上要求生态环境监管文化要与时俱进，以变治变，在变化中不断完善环境监管文化；另一方面，与时俱进的生态环境监管文化是生态环境监管创新的不竭动力和路径保障，优秀的、创新的生态环境监管文化以其特有的内在导向作用、规范作用、激励作用、辐射作用和凝聚作用，以共同的价值观、共同的愿景激励，驱使全员积极工作、充满热情地在生态环境监管事业中贡献自己的各种资本。

2. 行业特色

生态环境监管文化不是泛泛的概念，而是针对生态环境监管的实际需要，明确生态环境监管的目标和理念，通过总结提炼生态环境监管历程中的经验与教训总结出来的文化积淀。因而具有一定的行业特色，这也正是生态环境监管文化的个性所在，也唯有行业特色，才能使生态环境监管文化不流于形式，成为摆设。

3. 多样性

随着中国生态环境保护事业的不断推进，中国生态环境保护参与国际环境保护的广度和深度不断强化，国际合作交流日趋频繁。同时，由于经济全球化的不断深入和外商直接投资的增加，越来越多的跨国公司选址中国。这使我国生态环境监管的主体在复杂的国内外环境下具有多样性的特点。在不同文化地域、不同行业特点、不同历史渊源的背景之下，生态环境监管文化必然会面临来自不同文化体系文化域的摩擦与碰撞。况且生态环境监管文化的产生本身就不是一元的，生态环境监管文化是民族文化、政治文化、经济文化、企业文化、管理文化的大融合，其多样性与生俱来，因此，尊重并合理利用文化的多样性是生态环境监管文化建设的根本要求。

4. 长期性

生态环境监管文化本身是一种积淀，一经形成，就不太可能出现根本性质的改变，应保持一定的稳定性和连续性。不能因为外部环境的变化，领导观念的改变，抑或是社会潮流的更替，就今天一个口号，明天一个标语，不断追求新名词，从而导致生态环境监管文化的不稳定性和间断性。

5. 以人为本

生态环境监管为了人，环境监管依靠人。因此，生态环境监管文化本质上就是人的文化。构建有效的生态环境监管文化离不开人的能动作用，离不开全体环保工作者的参与，只有基于人本精神的生态环境监管文化，才能使生态环境监管文化所反映的价值观、战略目标、监管行为、监管方式等，在生态环境监管工作者中产生共鸣，也只有得到全员认同的生态环境监管文化，才是有价值的生态环境监管文化。

6. 勇于创新

既然生态环境监管文化要顺应时代的变化而变化，如何变化才是有效率的、进步的？答案是创新。创新是永恒的主题，没有创新就没有超越。生态环境监管文化一定要不断注入创新精神，缺少了创新精神，生态环境监管文化就会是一种落后的文化，起不到应有的作用，更难成为推动生态环境监管发展的中坚力量。创新是生态环境监管文化实现持续发展的重要依托，既是推动生态环境环保制度创新的基石，更是推动中国生态环保向前发展的引擎。

（四）生态环境监管文化的培育途径

1. 体制机制

生态环境监管文化建设重在建立健全与之相应的体制机制，打造学习型、创新型、服务型、廉洁型、高效型组织，确保生态环境监管成员的整体素养、文明形象、领导能力和服务水平不断提高。创新生态环境监管文化建设是个系统工程，生态环境监管文化建设要促进生态环境保护发展，就要融入技术创新、管理创新和制度创新，建立有利于创新驱动、人才培养、效率提高、公众参与、群众满意的体制机制。

2. 核心价值观

党的十八大提出了 24 字社会主义核心价值观，党的十九大进一步深刻阐述了社会主义核心价值观的丰富内涵和实践要求，对培育和践行社会主义核心价值观作出许多新的重大部署。社会主义核心价值观为提高思想素质，建设生态环境监管的政治文化，提供了强大的动力；为树立文明形象，建设生态环境监管的环境文化打造了平台；为改进机关作风，建设生态环境监管的服务文化创造了氛围；为加强制度建设，建设生态环境监管的廉政文化夯实了基础。

3. 良好形象

生态环境监管文化的建设有助于树立生态环境监管部门的良好形象，反过来，良好形象也有助于生态环境监管文化的建设，两者是相互促进的。生态环境监管文化建设的主体是环保队伍，只有使生态环保队伍中的每个成员拥有良好的形象，才能变成巨大的精神动力，成为行动指南。为此，一要抓教育，在专业培训、素质培训、思想培训等各个方面，将改善形象作为长期的战略任务；二要抓激励，宣传并弘扬典型形象，发挥典型事迹和精神的激励作用；三要抓惩处，公开并严惩有损生态环境监管文化建设，有悖生态环境保护宗旨的人和事，对整个生态环境监管系统产生警示作用。

4. 学习型机关

生态环境监管文化建设是一项系统工程，不仅需要领导的示范、表率作用，更要依靠全员的积极参与。学习是创新的动力和源泉，只有通过学习，才能不断提高生态环保工作者的素质，不断满足经济社会发展对生态环境监管文化建设的新要求。因此，应当加强宣传培训，建立学习型组织，建立环境监管人员互相学习、互相促进、共同发展的机制，用学习促进生态环境监管文化的建设、完善和发展。

构建生态环境监管文化顺应了环保要求、时代要求、发展要求，既是生态环保人的生态环境监管文化，也是其他主体的生态环境监管文化，这一环保人的核心价值和行动指南将推动中国生态环保事业走向新的高峰，收获更多成果。

八、发展生态金融，建设生态文明①

金融是现代经济的核心，在经济社会发展中具有至关重要的地位和作用。在促进社会经济与资源环境协调发展、建设生态文明的过程中，金融将发挥举足轻重的作用。发展生态金融可以为生态经济提供重要的资金助力和市场活力，提高生态文明水平，同时，构建生态金融相关制度是我国当前经济体制改革与生态文明管理体制改革的重要内容。

近年来，国家在一系列重要政策文件中对金融支持环境保护的重点领域、业务模式、产品创新、政策机制等方面做出了总体安排和全新要求。2013 年 9 月 10 日，国务院印发的《关于印发大气污染防治行动计划的通知》（国发〔2013〕37 号）明确提出，"引导银行业金融机构加大对大气污染防治项目的信贷支持。探索排污权抵押融资模式，拓展节能环保设施融资、租赁业务"。2013 年 11 月 12 日，中共十八届三中全会通过的《中共中央关于全面深化改革若干重大问题的决定》旗帜鲜明地指出，要"健全多层次资本市场体系"，"鼓励金融创新，丰富金融市场层次和产品"，完善金融市场体系，加强金融基础设施建设，对创新环保投融资管理提出了明确要求。2014 年 3 月 5 日，李克强总理在政府工作报告中再次明确指出，"要加快投融资体制改革，推进投资主体多元化"，强调"发挥好政府投资'四两拨千斤'

———————
① 赵华林. 发展生态金融，建设生态文明 [J]. 环境保护，2015（2）：23 - 28.

的带动作用"。这是环境保护工作又一次重大理论创新和实践深化，具有重大的现实意义和深远的历史意义。

为进一步探索生态文明建设过程中生态金融建设的目标、重点、措施与路径，需要梳理界定适应中国特色社会主义市场经济体制改革的生态金融的内涵与功能，论述发展生态金融在推动生态文明建设中的重要理论与现实意义，并提出进一步推动生态金融深化与拓展的基本原则与路径。

（一）深入理解生态金融的内涵与功能

推进生态金融发展深度、拓展广度、丰富形式，进一步发挥其应有作用，必须深刻理解生态文明建设背景下生态金融的内涵，因此对生态金融本质的探析，是思考生态金融发展问题的起点。

生态金融的主体是金融。金融作为经济活动的中枢，是货币流通和信用活动以及与之相联系的经济活动的总称，广义的金融泛指一切与信用货币的发行、保管、兑换、结算、融通有关的经济活动，甚至包括金银的买卖；狭义的金融专指信用货币的融通。金融本质上是跨时空的价值交换，用当期价值交换远期价值，如用现金交换存贷款合约（还款承诺）、股票、债券或保单。金融的关键是远期交易的价值如何确认，包括收益和风险等。因此，金融的核心活动是资产定价与风险控制，这其中的重要因素又是信息问题，就是与金融资产发行方有关的信息问题。

从经济学意义上看，生态环境问题的本质是污染物排放造成的负外部性与相关资源配置的低效率。从新制度经济学视角来看，环境污染的外部性则是由于相关产权界定的不明晰。环境污染负外部性问题中，排污者是否具有排放污染的权利、承受污染者是否具有不被污染的权利，都没有得到清晰的界定。理论上，环境资源的权利如果能明晰并且执行，那么经济学意义上的环境问题将不存在。可见，环境资源的权利关乎利益主体的收益与成本。

综上所述，经济学意义上的生态环境问题是相关产权界定不清晰导致的外部性与低效率，而金融的本质则是价值的跨时空交换。因此，生态金融的内涵可以从环境权的价值视角来理解。无论是人们拥有不被排放的污染物所损害的权利，还是具有合理利用环境资源的权利，或者是向环境中合理排放污染物的权利，都可以用于一种价值交换的安排。与之类似，对先前污染后果的治理、优质生态产品的生产，同样可以用于一种价值交换的安排。

在这个意义上，生态金融的本质就是环境权价值的跨时空交易，也就是生态期权。生态金融活动的核心，是实现环境权价值跨时间、跨空间的交换。环境权的清晰界定，是生态金融发展的基础。如果缺乏明确的环境权界定，生态金融活动的成本和收益在很大程度上就是不确定的，这将从根本上阻碍生态金融市场的形成。如果有明确的环境权制度安排，就容易发展环境产权的交易，也就是直接生态金融。有了环境权交易市场，以这个市场为基础的环境权期货市场、债券市场乃至资本市场就具备了快速发展的条件。因此，必须在环境权价值的基础上理解生态金融，对生态赋予科学合理的价值之后才能与金融进行融合，利用经济手段推进生态保护工作。

在实际工作领域，生态金融是金融产品与市场在生态环境保护领域的应用，是一种强制或者自愿的方式，创新传统金融手段，实现保护生态环境目标。与传统的生态环境保护手段比较，传统的环境保护工作旨在通过一定手段治理环境污染，依靠市场调节的经济激励手段，如排污收费、环境税等，但其更多强调其强制性，较多强化管理的"末端"。生态金融通过金融创新手段把经济效益和生态效益结合起来，通过合理的资金配置来完成环境目标和规避环境风险，更加强调市场的主导性并且重视效益和效率。生态金融更强调维护人类社会的长期利益及长远发展，把经济发展和环境保护协调起来，更好地促进经济社会健康有序发展。因此，有别于传统金融以盈利为核心，生态金融是传统金融的一种创新模式，它需要在参与主体、运作环境、人才培养、资源成果等方面进行创新，不仅要通过金融手段实现经济利益，同时更强调实现优化环境、促进人类可持续发展的目的。

具体操作层面，与传统的金融业务运营模式一样，生态金融业务主要也依托于银行、证券和基金等业务部门，并以这些部门为载体开展在生态环境中的交易活动，例如，银行、证券公司、基金管理公司等金融机构可以通过提供绿色贷款、绿色债券等来开展生态金融服务。生态金融产品主要包括可交易污染物许可证和信用、环境类公司股票、环境投资基金、环境保险等。

生态金融的引入为经济转型和产业调整提供了发展的基本因子，通过金融资金流量和投向的调节，在经济行为和环境行为之间架起一座桥梁，从根本上直接撬动生态环境保护的杠杆。所以，生态金融在解决环境保护和经济发展之间矛盾的功能和作用，可概括为以下三点：

一是资源配置功能。生态金融的决策是基于经济效益、环境效益的分析，可以实现资源分配的最佳效果。通过金融资源对产业和企业的选择，对经济转型和产业调整发挥引导、淘汰和控制的作用，进而实现经济和环境的协调发展，有利于产业的优化升级，绿色信贷限制了高污染高耗能企业的资金来源、经济发展方式的转变，促进从高耗能高投入高污染到发展绿色环保产业。

二是环境风险控制功能。规避风险是金融企业的基本行为。通过金融企业对环境风险的识别、预测、评估和管理，规避风险的"天性"，实现企业和项目的环境风险最低化。循环经济、低碳经济、生态经济恰好是环境风险最低的经济发展形式。通过生态金融可以为金融机构创造新的绿色商机，降低金融机构的经营风险，提高金融机构的可持续竞争力。

三是对企业和社会经济行为的引导功能。通过金融机构的准入管理和信用等级划分，影响与引导企业和社会的生产与生活方式的改变。生态金融可以促进企业加大环保技术创新的力度，促使企业转变资金流向，规范企业经营行为。

生态金融的发展阶段经历了以下过程：在最初相当长的一个时期内，人们把金融作为"自然环境—生产和消费—自然环境"循环的外生变量，认为金融对自然环境不产生影响，至多是造成排放污染物的直接影响。后来，人们认识到，金融与自然环境密切相关。金融机构可以通过信贷和投资引起间接污染，并可能引发更为严重的环境问题；反之，环境问题也可以影响银行经营，一些引发严重环境问题或存在潜在环境风险的投资项目一旦失败，就会给银行财务表现带来负面影响。随着对于生态和金融相互关系认识的逐渐加深，人们在应对实际环境问题中，引入金融工具，不断扩宽金融领域服务范围、变革服务理念、创新服务手段，实现生态与金融的良性互动。

从国际方面来看，生态金融实践的探索相对较早。1974年，西德就设立了世界上第一家环境银行，生态金融的运行机制与产品形式也较为丰富，主要有绿色信贷、绿色保险、绿色证券、环境基金和生物多样性基金、债务环境交换机制、森林证券化机制、气候衍生产品、自然灾害证券、绿色投资基金、碳基金和 CDM 机制、排污交易及由其衍生的期权等其他生态金融产品。

从生态金融产品在国际上的发展阶段来看，主要可以分为法规驱动型、项目引导型、产品设计型和复合创新组合型等阶段。生态金融早期的形式，诸如绿色信贷、绿色保险、绿色证券等，均属于金融机构或相关企业为了规避由于环保政策法规或环境污染事故等所带来的经营风险，在特定法规的驱动下，进行的生态金融探索；碳金融、生物多样性基金等，均属于为了引导资金进入某一特定环保领域而设计的生态金融创新，因而属于项目引导型；后期随着社会对生态金融产品需求的增加，金融机构逐步开始探索设计流动性更强、市场化程度更高的生态金融产品，与法规驱动型和项目引导型注重通过市场机制来促进和加强环境保护的初衷和落脚点稍有区别，后续的产品设计型与复合创新型更加注重将生态与环境资产资源化、证券化，更加注重生态金融的市场与盈利属性，属于生态金融较为高端的形式，产品设计型包括绿色投资基金、排污交易、CDM机制等形式，而复合创新型包括气候衍生产品、排污权交易衍生产品等由多种基础生态金融产品组合而成的符合型生态金融产品。

国内方面，近年来随着"绿色信贷""绿色保险""绿色证券"等政策的相继出台，我国的生态金融体系开始形成。中国人民银行出台了《关于改进和加强节能环保领域金融服务的指导意见》，并与环保部、银监会联合发布了《关于落实环保政策法规防范信贷风险的通知》等文件，加强宏观信贷政策指导，积极发展"绿色信贷"，建立健全金融支持生态文明建设的体制机制。一些地方金融机构也围绕城乡生态文明建设，积极创新业务品种，拓展业务范围。生态金融制度体系已经在助力生态文明建设上初见成效。一些违反国家环保政策、可能对生态环境造成重大不利影响的项目，在申请信贷支持时，因为不符合"绿色信贷"的要求而被坚决否决。

但是，生态金融体系的建设在我国还处于初级阶段，同时受限于资本市场发育不完善与政策限制等原因，与国际上已有实践相比，我国生态金融整体上呈现产品品种较少、产品形式单一初级、交易不够活跃等方面的问题。

（二）充分认识推进生态金融的战略重要性与现实紧迫性

生态金融是关系我国推进经济社会发展落实环境优先、生态优先，实现现代化管理和经济社会全面发展的一项重要工作，是实现生态经济的制度基石，我们必须从全局和战略高度，充分认识坚持推进生态金融的战略重要性与现实紧迫性。

（1）发展生态金融是大力推进生态文明建设的重要举措。生态文明是针对经济快速增长中资源环境代价过大的严峻现实而提出的重大战略思想和战略任务，环境保护是生态文明建设的主战场。环境作为发展的基本要素，良好的生态环境是先进、可持久的生产力，是一种稀缺资源。自然环境好就意味着投资创业环境有更大优势，有利于聚集优秀人才，吸纳先进生产要素，发展现代产业特别是科技产业和服务业。而在吸引人才、提升竞争力的过程中，金融的润滑与支撑作用是最为关键的，因而，生态金融是环境保护促进和优化经济发展的重要动力。新型城镇化、绿色工业化和新农村建设是生态文明建设的三大重要机遇与重点优先领域。随着城镇化建设与工业化进程的加快，来自资源消耗、排放等方面的环境压力会不断加大，金融业在支持城镇化建设与工业化进程中，要牢牢把握科学发展、协调发展的总体要求，避免以往城镇化建设和工业化进程中的教训，注重环境的承载能力，促进提高其生态价值，使今后的城镇化与工业化发展得更好、质量更高。统筹城乡生态文明建设协调发展，对于改变城乡经济社会"二元"结构、促进"三农"跨越式发展，有着重要的现实意义。在这方面，金融可以发挥重要的作用。当前亟须解决的控制农业面源污染问题、土壤的治理修复问题等，涉及转变农业发展方式、加大农业科技攻关、加大土壤修复技术攻关和试点等，做好这些工作，需要金融机构提供有力的支持。地方金融机构尤其是农村信用社、农村商业银行、农村合作银行，作为金融业支农的主力军，要探索服务城乡生态文明建设的新方式、新手段，推出支持农村地区发展特色生态型经济项目、发展现代农业、保护和改善农村生态环境的新品种、新举措，积极支持农村生态文明建设的发展和进步，促进城乡生态文明建设不断开创新局面。

（2）发展生态金融是推进我国经济社会可持续发展的现实需要。20世纪中叶以来，环境污染、资源耗竭、生态破坏等生态环境危机不断加重，其主要原因在于人类社会的各种生产活动、生活活动。金融在现代经济发展中具有"指挥棒"的作用，通过金融创新引导社会经济向资源节约、环境友好的方向发展成为一种必然的需要。从国外发展历程来看，生态金融的发展确实有助于协调经济发展与资源环境之间的关系。对我国而言，目前仍然面临着严峻的生态环境形势，正是长期以来经济发展中高耗能、高排放、重污染、产能过剩、布局不合理、能源消耗过大等问题的积累所致。尽快转变经济发展模式，调整优化产业结构，保护环境、节约资源和应对气候变化，实现人与自然和谐发展，既是人心所向，也是中国经济可持续发展的必由之路。当前，金融业要深刻认识加快生态文明建设的紧迫性和重要性，积极推动低碳绿色经济发展。金融资源要向符合技术升级要求、碳排放约束和绿色标准的领域倾斜，支持符合国家产业政策、行业标准，且属于技术改造升级、产品结构调整、优化产业空间布局的项目；化解过剩产能，通过支持企业节能减排，限制高污染、高能耗行业发展；扶持和鼓励技术创新，发展绿色、低碳、循环发展技术，推进产业结构和能源结构调整；创新金融产品，加大对绿色经济的支持力度。以 2013 年为例，全球 GDP 总量为 74 万亿美元，可同期金融资产却达近 150 万亿美元，是 GDP 总量的 2 倍。同样，环境保护和金融的结合、生态金融的发展，特别是借助生态金融的创新和衍生，能够加深环境保护和生态环境在发展中的卷入程度，能够加快环境保护和生态环境在发展中的周转速度，能够放大环境保护和生态环境在发展中的比重份额，是推动环境保护深度融入发展的重要推手。

（3）发展生态金融是环境保护手段升级创新的内在要求。发展生态金融意味着用市场机制来解决环境问题。党的十八大报告提出建设美丽中国的目标，是人民利益的集中体现，需要经济、社会、环境和金融系统的相互配合与协调，作为大系统发展的"发动机"和"推进器"。我国的环境保护事业发展到今天，历经多个时期，也先后开发了多种手段。虽然取得了巨大成就，但已越来越不适应经济社会快速发展的需要。随着市场化改革的深入，环境保护也要充分深化改革，发挥市场机制的作用。这个作用的核心就是推进生态金融的发展。金融业应从促进经济社会可持续发展和履行社会责任的战略高度出发,加大支持经济结构调整和转型的力度,让金融在推动环境保护、促进资源节约、实现低碳绿色经济发展中发挥出更大的促进作用,通过市场机制和经济杠杆,合理配置金融资源,推动技术改造,促进技术引进,加快技术创新,从根本上降低资源消耗、降低碳排放、减少污染,构筑环境友好型、资源节约型发展道路,实现人与自然和谐绿色发展。生态金融的大发展,更多的资金进入生态环境保护,才能真正体现市场在资源配置中的决定性作用,这是环境保护市场化改革的标志。

(4)发展生态金融是解决环保资金难题、提高资源使用效率的有效途径。资金需求量大、资金筹措难是长久以来制约环保工作的一大难题。治污与减排都需要大量资金,如果没有合适的制度安排,治污减排的投入不会产生什么经济价值,对于逐利本性的社会资金来说严重缺乏吸引力。长期以来环保投资主要靠国家靠财政,或者靠行政手段强制,这就形成了环保投入的资金"瓶颈"。以环境权界定为基础的生态金融和生态金融市场的发展,能够从根本上克服这个"瓶颈",激励大量资金进入环保领域,从而客观上引导更多生态产品的产出。如果参与到生态金融中的资金能够获取良好回报,必然意味着市场对生态产品的认可和满意。生态金融的发展也将更好地满足人民群众对优质生态产品的需求。我国环保投资体制中,政府是最大的投资主体。投资的目标是追求环境和社会效益,投资过程没有建立投入产出和成本效益核算机制,这种体制产生的主要问题是投资渠道单一,投资成本偏高且效率低下。在生态金融的发展背景下,要拓宽环保投融资渠道,吸引社会资本来推进投资主体多元化。由于前期风险大,可以由政府主导,即国家资本先进行引导;后期风险较小,国家资本可以退出并鼓励吸引社会民间资本进入,实现投资主体多元化。

(5)发展生态金融是树立国家形象的重大任务。以生态金融为核心的环保市场化机制的引入和发展,将使我国的环保事业与国际先进水平接轨,借鉴吸收世界范围内先进的理念、方法、工具，全方位系统地提升我国环境保护的水平。发达国家的环境治理，其核心就是基于立法的市场化机制的建设，通过推进生态金融，发展环境保护的市场化机制，把治污减排的责任主体交还给市场，能够帮助有效地化解环保领域的国际压力。此外，优化金融生态可以促使我国金融业引领国际金融规则，创建一个追求环境效益和经济效益最优组合的新国际金融规则，是我国金融业为工业化程度不高而急于发展的第三世界国家摸索出的一条基于环境污染源头控制的新工具和新规则。我国经济要走向世界，首先要把环境保护的基本准则带到世界，必须坚持可持续发展和公平、公正的思想理念，在发展中建立中国与世界各国的国际新秩序，生态金融必将对中国经济走向世界产生深远的影响。

（三）加快推进生态金融的基本原则、基本路径和路线图

党的十八大对生态文明建设提出了更高要求，这意味着新时期的生态环境保护工作必须更新观念，创新方法。无论是节能减排降低排放强度，还是优质生态产品的生产，都需要充足的资金保障。先前以财政资金为主的环保投入模式潜力已经挖尽，环境保护事业的发展已经到了必须依靠全社会的投入才能实现目标、满足需求的新阶段。发展生态金融，运用市场化机制和手段解决环境问题，成为新时期环境保护工作的重中之重。

1. 发展生态金融的理念与原则

发展生态金融的基本理念是：生态的归政府，金融的归市场。与产业金融不同的是，生态金融的"生态"具有很强的"公共性"。生态环境的"公共性"不可分割，为公众所享有。政府应该倡导生态文明建设，应该担当生态环境的"守卫者"，从这个意义上看，政府需要为生态金融的"生态"提供"补偿"或"保障"，这就是"生态的归政府"。而"金融的归市场"是指应该发挥市场在资源配置中的决定性作用，借助和运用成熟的金融工具和

手段，为环境保护和生态文明建设服务。

综合我国社会经济与资源环境发展趋势、生态金融发展规律，推动和深化生态金融发展需要遵循"需求牵引、重点跨越、支撑发展、引领未来"的总体原则。具体来讲，"需求牵引"，是指要紧密围绕驱动生态金融发展的核心和根本目标——着力解决和完善环境保护与生态文明建设中的重大问题的总体需求与阶段性需求来顺次推进；"重点跨越"，是指优先解决制约绿色金融深化与拓展的若干基础性、关键性重大问题；"支撑发展"，是指绿色金融在推动生态文明建设的同时，也着力优化金融生态和推动优化经济社会发展；"引领未来"，是指生态金融建设要有一定的前瞻性与适度的超前性。

2. 发展生态金融的基本路径

环境的公共物品性质和金融的市场性质共同决定了我国发展生态金融的基本路径是明确环境权利、建立交易市场、充分发挥市场的创造性作用。

环境权利的明确，是发展生态金融的出发点。推进生态金融，就是推进环境保护的市场化进程，而环境资源具有权属不清的基本特征，生态金融发展路径的出发点必须是明晰的产权界定，即环境权的界定。只有市场主体拥有了对某种价值的产权，才可将之拿到市场上交易，随后才会有整个产业链的发展。环境权利的明确具有两个基本特征：首先，环境权不同于其他权利，基本形式上可以是一种排污的权利。排放权利的大小，应该以能否造成污染为标准。因此，这种权利内容应该是动态的，需要不断调整。其次，权利持有人有过度排放的激励，因而必须施以外部的监管，以免权利滥用。因此，必须辅之以环境信息的收集和发布，集合政府和公众的力量对权利加以制约。

建立环境权利交易市场，是发展生态金融的主要载体。在确权的基础上，应发展环境权交易市场。除了建立市场交易规则，政府可能还要充当做市商。因为环境权本身可能相当复杂，导致市场交易不活跃或人们对未来难以预期。政府的干预或直接参与能够活跃市场，增强市场主体的信心。虽然我国的碳交易市场、二氧化硫和 COD 排污权交易市场已经有一段时间的发展，但这些市场的运行都存在不少问题，而且还有许多重要的污染物排放未进入市场交易。有必要在总结经验的基础上，进一步扩大排放权交易的覆盖范围、活跃度与运行质量。

充分发挥市场的创造性作用，是发展生态金融的应有之义。如果环境权交易市场能够活跃，与之相关的期货、债券市场，以及间接金融，如银行信贷与商业保险就能具备良好的发展基础。在这个时候，适当的生态金融政策将进一步促进市场的繁荣，并从根本上促成生态金融对解决环境问题的贡献。此时，生态金融政策的要点不应再是通过补贴提高环境投资的收益，而是通过提供信息或强制性的信息披露、强化环境监管等手段促进生态金融风险的控制。

3. 发展生态金融的路线图

推进生态金融的发展已经成为当今环保工作的突破口和重要抓手，应当在深入思考、系统规划、充分论证的基础上，提出系统的推进方案，让生态金融成为新时期生态文明建设的最有力武器。

第一，推进生态环境的产权明晰与资产化。环境权利的明晰是生态金融发展的基础，因此首先需要推进生态环境的产权明晰与资产化。一方面，对污染排放权利进行明确和界定；另一方面，可以对相关自然资源、生态系统的权利进行界定，从而奠定市场机制运行的产权制度基础。中共十八届三中全会提出，要探索编制自然资源资产负债表，对领导干部实行自然资源资产离任审计。其中，基础的工作是建立动态化管理的自然资源资产账户。首先，要做好自然资源资产分布与数量调查、账户平衡等工作，并对各项自然资源资产开展价值评估工作。相比于普通的经济资产，自然资源资产价值评估更为复杂。普通经济资产仅具有经济价值，相对较易审计；自然资源资产往往同时具有经济价值和生态服务功能价值，而生态服务功能价值常常因为没有相应的市场而很难计量。一些自然资源资产的市场经济价值不高，但生态服务功能价值很高。因此，对各项自然资源资产定价必须结合其生态服务功能特性进行价值评估。然后，要将统一量纲的自然资源资产进行加总。最后，为保证其科学性，需要聘请相关专业技术人员开展自然资源资产账户体系核算；为保障其客观性与公正性，可以引入独立的第三方机构开展审计，并灵活采取联合审计、联动审计、专业审计融入等方式进行。在实践中，可针对某些自然资源开展资产负债表编制的试点。

第二，加强生态金融的政策、法制环境的顶层设计。生态金融的发展，涉及政府、金融机构、社会资本、企业以及公众等多个主体，以及这些主体间错综复杂的关系，尤其是利益关系。考虑好、协调好、处理好这些复杂的利益关系，是生态金融能否顺利发展的关键。为此，需要有科学先进的顶层设计，充分吸收国内外的经验教训，避免可能出现的重大制度缺陷。

首先，加强绿色金融相关法律法规建设。任何一种市场化机制的顺利运行，离不开有效的法治保障，生态金融的发展同样如此。国家有关部门应从生态文明建设的战略高度出发，做好顶层设计，尽快制定并完善系统的法律保障体系，提高针对性、可操作性。环境权的界定、市场交易制度的建设、市场交易主体的权利保护、生态金融风险的控制，都需要相关的立法作为基础。开展相关立法工作，是实践中推进生态金融的必要前提。主要包括绿色金融基本法律制度、绿色金融业务实施制度、绿色金融监督制度等。

其次，完善绿色金融管理与监督体制。一方面，完善环保信息管理，加强多方沟通和协调。环保部门要不断完善环保标准，在环保核查和信息披露上尽快跟上实际发展，获取全面、及时的环境信息；人民银行要进一步将企业环保信息纳入征信系统，以便金融机构及时掌握各类环保信息；金融机构与环保部门之间要建立良好的沟通机制，建立并完善环保信息共享体制。另一方面，优化外部监管，加大支持力度。及时改进绿色信贷指引目录，完善绿色信贷统计制度；对绿色金融适度倾斜，为节能环保企业在股票上市、中短期融资、企业债券等直接融资上开辟绿色通道等；健全内部风险管理，有效防范生态金融风险。由于金融活动中因信息不对称产生的逆向选择与道德风险问题，金融风险控制既是市场主体金融活动的核心议题，也是金融监管的核心。由于生态金融的特殊性，以及生态金融的发展历史短、相关经验匮乏，生态金融风险控制问题变得更加突出，必须将之放在至关重要的位置。

第三，创新与丰富金融产品的形式。加强绿色信贷创新，将绿色环保理念引入信贷政策制定、业务流程管理、产品设计中，积极研发新产品。如针对绿色信贷中抵押品不足的问题，探索碳权质押融资贷款，可允许低碳企业提供知识产权质押、出口退税质押、碳排放权质押等。大力推动绿色证券、绿色保险、绿色基金等，创建与环境相关的产业投资基金以支持低碳经济项目和生态环境保护并采取市场化运作和专家管理相结合，实现保值增值。加强生态金融衍生工具创新，借鉴国际经验，创新各种碳金融衍生品，如碳远期、碳期货、碳期权等逐步构建我国生态金融衍生产品体系。

第四，完善生态金融市场机制与运行模式。首先，扩大绿色金融市场的参与主体。充分调动证券公司、保险公司等非银行金融机构的积极性，鼓励其逐步深度介入绿色金融业务，构建平衡发展的绿色金融市场体系。其次，创建专门的政策性绿色金融机构。如绿色发展银行或生态银行，改变当前绿色金融多处于表面化的现状，实施优惠措施，加强重点支持，合理分配金融资源，提升绿色金融的专业化水平，推进绿色金融不断深化。最后，加快绿色中介机构的发展。为服务于绿色金融的中介机构提供广阔的市场，如鼓励绿色信用评级机构积极从事绿色项目开发咨询、投融资服务、资产管理等，并不断探索新的业务服务领域。

第五，健全鼓励金融产品创新与运营的财税优惠机制。政府有关部门可根据宏观政策和可持续发展原则制定一系列配套政策措施，为生态金融提供良好的外部环境，形成正向激励机制，引导有关各方积极参与生态金融，激发市场潜力和活力。在金融政策上，在信贷规模、贷款利率等方面对生态金融给予更大政策支持；在税收政策上，对生态金融项目给予更多财政补贴和税收优惠，建立相应的风险准备金计提制度等。

第六，营造有利于发展生态金融的社会环境。金融业要做绿色金融的"思想者"，树立绿色金融理念，深化对金融业社会责任与自身可持续发展内在统一关系的认识，切实将绿色金融作为重要的长期发展战略。要做绿色金融的"宣传者"，通过开展绿色金融业务，向社会和公众广泛宣传绿色金融的积极作用、政策法规和优惠措施，使广大公众和企业接受并参与到绿色金融的潮流中，扩大绿色金融的影响力。要做绿色金融的"践行者"，抓住机遇，不断创新绿色金融运作模式，探索建立环保节能金融服务的有效机制，推动金融业经营战略转型，促进我国产业结构优化和社会可持续发展，提高自身竞争力和社会形象。要加强人才队伍建设。金融机构可对现有员工进行专业培训，从外部招聘熟悉绿色金融国际准则和经验的专业人才，并积极与国内相关教育机构、环保部门联手打造专业人才。

第三章 "十三五"生态环境
保护政策

2016 年 11 月，国务院常务会议审议通过了《"十三五"生态环境保护规划》（以下简称《规划》）。《规划》是"十三五"时期我国生态环境保护的纲领性文件，是落实统筹推进"五位一体"总体布局和协调推进"四个全面"战略布局的重大举措，是以"创新、协调、绿色、开放、共享"五大发展理念指导生态环保领域的战略安排，是实现生态文明领域改革、补齐全面小康环境"短板"的有效途径。

《规划》提出，以提高环境质量为核心，实施最严格的环境保护制度，打好大气、水、土壤污染防治三大战役，加强生态保护与修复，严密防控生态环境风险，加快推进生态环境领域国家治理体系和治理能力现代化，不断提高生态环境管理系统化、科学化、法治化、精细化、信息化水平，为人民提供更多优质生态产品，为实现"两个一百年"奋斗目标和中华民族伟大复兴的中国梦做出贡献。到 2020 年，生态环境质量总体改善。生产和生活方式绿色、低碳水平上升，主要污染物排放总量大幅减少，环境风险得到有效控制，生物多样性下降势头得到基本控制，生态系统稳定性明显增强，生态安全屏障基本形成，生态环境领域国家治理体系和治理能力现代化取得重大进展，生态文明建设水平与全面建成小康社会目标相适应。

本章从九个方面对贯彻和落实《规划》进行了全面解读，阐释了进入"十三五"之后我国环保所处的新阶段和生态环境保护工作的新布局，剖析了《规划》的内涵、特点以及创新。《规划》是在全面总结我国的成功经验、积极借鉴国外有益做法的基础上提炼升华形成的，对事关经济社会发展全局的一系列重大环保问题进行了深入分析，做出了安排部署。这充分体现了把满足人民群众愿望与遵循经济社会和环境保护规律相结合，把立足国情与借鉴国际先进理念经验相结合，更具科学性、战略性、前瞻性和可操作性，可以说是一个集群智汇众力、举多措破难题的规划。各级环保部门要立刻动起来、真正干起来，聚精会神抓落实，把蓝图变为现实。①

"举一纲而万目张，解一卷而众篇明。"用五年规划引领生态环境保护，是我们党治国理政的一个重要方式。《规划》是经济社会规划体系的重要组成部分。牵住了《规划》这个"牛鼻子"，推进实施《规划》，有利于落实各项生态环保任务，安排生态环保工程建设，完善生态环保政策措施，提高生态环保工作的整体效率，让《规划》的红利惠及更多人。②

———————————

① 秋缬滢. 奋力把"十三五"规划蓝图变成美好现实 [J]. 环境保护, 2016 (12).
② 秋缬滢. 让生态环境保护规划的红利惠及更多人 [J]. 环境保护, 2017 (2-3).

一、中国环保的新阶段与"十三五" 环境保护的新布局①

"十三五"时期，我国经济社会发展面临的全球形势和内部环境仍将复杂多变，环境保护也呈现出新特征，就是广大人民群众对改善环境质量的要求和呼声日益高涨与中国经济增长减速从而经济发展阶段的变化相伴形成的新常态，要求我们把环境保护放在经济社会发展的大战略下整体布局，开拓新的投资渠道、利用新的管理资源、探索新的管理方式、采取新的分析方法，环境管理才会有质的飞跃。

（一）新阶段

环境保护进入新阶段主要体现在全球价值链的新态势、能源供求的新格局、经济增长的新常态以及区域发展战略的新开局等方面。

1. 全球价值链的新态势

全球价值链区域结构正在调整，能否跃升至价值链的中高端是降低我国真实环境成本的关键。由于中国长期处于产业链相对低端的位置，产品远销海外的同时生产过程中产生的污染留在境内，成为发达国家的"污染避难

① 牛海鹏，芮元鹏，江河. 以理念创新谋划"十三五"环境保护的新布局［J］. 环境保护，2016（20）：35–39.

所"。当前，这种态势正在发生转折性变化。一方面，在生态文明建设和供给侧改革两大"助推器"的作用下，在宏观政策与微观主体的共同推动下，我国产业结构不断优化升级，向产业链、价值链更高端迈进，实现由量的积累到质的飞跃，将可能逐步从"污染避难所"到"生态宜居国家"的华丽转身。另一方面，由于劳动力成本的提高和环境规制的加强，一些劳动力密集型和污染严重的低端制造业将逐渐转移，将加速从价值链低端向中高端的跃升、转型。在全球价值链中的地位升迁对环境保护来说既是机遇，又是挑战。说是机遇，因为全球产业转移将从我国带走部分低端产业，从源头解决部分污染问题。说是挑战，因为产业转移的对象并不特定于低端污染产业，部分高端产业的战略转移可能会使地方政府的税收遭受冲击。同时，环保门槛的提高也不一定会使污染产业转移到其他欠发达国家，由于种种原因部分企业特别是本土企业可能会从经济发达的东部沿海地区转移到中西部地区，让当地本已脆弱的环境雪上加霜。因此，如何通过机制的设计保证中西部欠发达地区走上可持续的绿色发展之路，是环保机制设计的重要内容。

近年来，环保部门在严格环保执法方面做出的努力和贡献，是促进污染型产业转移和升级的关键力量，这离不开环境规制与执法力度、方式的不断完善。在全面推进依法治国、加快社会治理法治化进程，推进国家治理现代化的改革背景下，如何完善环境立法、严格环境执法成为新时期环境保护工作的又一挑战。

2. 能源供应的新格局

全球能源供求呈现新格局，能否抓住能源结构红利、大幅提升环保技术水平是降低我国污染排放强度的关键。当前，世界经济低迷增长使全球能源需求难以出现大的波动，全球气候变化及新兴大国传统粗放型发展模式造成的资源能源约束性增强，对世界能源消耗增长构成有效制约，并推动能源需求更多地由传统的化石燃料向清洁能源转变。

全球能源使用效率的提高和消费结构的优化对"十三五"时期中国的环境保护来说既是机遇，又是挑战。说是机遇，因为发达国家降低污染排放强度主要依靠提高能源效率，而发展中国家主要依靠引进环境技术。研究表明，发达国家污染排放强度下降的57%依赖于能源使用效率提高，43%依赖于环保技术引进；发展中国家则只有40%依赖于能源使用效率提高，60%依赖于环保技术引进。因此，"十三五"时期，能源效率提高和清洁能源使用比例提升仍有较大空间。说是挑战，因为尽管能源问题是解决污染的重要因素，但并不是"万能钥匙"，也不能立竿见影。2015年以来，国际市场石油价格大幅下跌。低油价带来的红利在时间上是有限度的，能源使用效率的提高在短期内有赖于节能环保意识的增强，但在长期内还是要通过改进生产工艺、提升环境技术来实现，这不仅需要制度和市场的倒逼，更需要持续的研发投入。如何在享受全球能源结构红利的前提下，深度挖掘环保技术的治污减排红利，为环境保护创造长期动力，是未来环境保护工作的重大课题。

　　3. 经济增长的新常态

　　中国经济增长步入新常态，能否充分利用"增速红利效应"、谨防"增长压力效应"是实现环保与增长"双赢"的关键。综观世界上其他经历过高速增长的经济体，随着生产投入的边际效益逐渐减少，增速的结构性下滑是客观规律。经济增速切换后，各国环境变化却不尽相同：一些国家，如新加坡、印度尼西亚、日本、墨西哥等污染排放强度明显降低，还有一些国家，如巴基斯坦、印度、马来西亚、柬埔寨等污染排放强度不降反升。之所以出现这样大相径庭的表现，是因为经济增长速度的放缓对环境污染造成两方面的影响：经济增长速度逐渐放缓，消费占比逐渐上升，会使污染的增长速度也随之放缓。我们将经济新常态下由于增速放缓而引起的环境质量改善称为新常态对环境污染带来的"增速红利效应"；面对经济增速放缓，如果政府在污染治理上迟疑不决、患得患失，甚至为了维持经济增速而与排污企业合谋,就会增加能源消耗与污染排放。在一些相对落后的地区,用环保换温饱的问题确实存在,由于短期内难以找到快速发展的道路,便积极承接由东部发达地区转移出来的落后产能,同时也承接了污染。我们将由于增长压力过大而引起的治污不力称为新常态对环境污染带来的"增长压力效应"。

新常态下能否实现环保与增长"双赢"取决于"增速红利效应"与"增长压力效应"的权衡,取决于能否通过合理的制度设计,促使发达地区充分利用增速放缓的契机实现经济的转型和升级,引导欠发达地区舍弃对经济增长的一味追求,转而根据自身条件寻求生态富民、特色发展的可持续之路。

4. 区域发展战略的新开局

我国区域空间发展战略面临新开局,有效运用空间管控、提升环境质量是能否实现两个一百年目标的关键。2014年底中央经济工作会议提出了"一带一路"倡议、京津冀协同发展战略和长江经济带发展战略,对中国的环境保护来说,同样既是机遇,又是挑战。说是机遇,因为长期以来,环境保护工作都是以行政区划作为基本空间单位,在应对跨界污染时各个地区、各个部门各自为政、条块分割,缺乏全局统筹和区域协调的有效机制。三大空间发展战略从广域空间视角出发,为解决区域内部的跨界污染问题,实现环境保护的区域协同发展提供了机遇。说是挑战,因为三大空间战略所覆盖的国土空间,大部分是经济和文化发展基础较好、具有进一步发展潜力的地区,人口、生产、消费和污染在空间上高度集聚且相互交错,环境污染具有复杂性特征,比起离散的、单一类型的污染处理起来难度更大、情况更复杂、风险隐患更高,这就对新时期的环境保护提出了更高要求。

经过多年的曲折发展,我们已经认识到,人均GDP的提高只是全面建成小康社会的途径,更清洁的空气、更干净的水、更安全的食物,让人们获得满意的宜居环境、高质量的生活水准,才是全面建成小康社会的根本目标和实现"两个一百年"目标的基本前提。中国为了第一个一百年的目标,已经付出了太大的资源环境代价,不应该再把生态环境欠账累加到第二个一百年,给子孙留下遗憾。为此,在新时期的环境保护工作中,要在新的区域空间格局之下,充分了解各个地区的资源环境基础,准确判读社会经济的发展态势和环境污染的时空动态特征,充分运用空间管控的政策工具,加强源头预防和宏观调控,保证"两个一百年"目标的真正兑现和完美实现。

(二)新布局

新阶段要求我们尽快找到新渠道、新途径、新资源、新模式、新方法,坚持以新的理念引领和谋划新布局,将这五个"新"贯穿环保工作的全过程和各领域、各环节。

1. 寻找环保投资的新渠道

我国环保投资总额由 2003 年的 1544.1 亿元增加至 2014 年的 9575.5 亿元,为消除污染存量,降低污染增量提供了有力的资金支持。随着公众环境意识的加强和对环境质量的要求不断提高,环保投资需求正在急速增加。有研究认为,"十三五"期间我国环保投资将达 17 万亿元人民币,环保投资占GDP 比重至少要提高至 2% 以上。既要从量上满足环保投资需求,又要从质上保证环保投资的效益最大化,只靠政府的投入、依靠行政配置资源的模式是绝不可能实现的,必须引入环保投资的 PPP 模式。

社会参与城市环境基础设施投资与运营已得到高度重视,正迎来广阔的发展前景。近年来,有关部门出台了一系列支持政策,2014 年 10 月,国务院常务会议提出要大力创新融资方式,积极推广政府与社会资本合作模式,使社会投资和政府投资相辅相成。2014 年 12 月,财政部确定了 30 个 PPP 示范项目,其中污水处理、供水、环境治理等环保类项目达 15 个。2015 年,各省份陆续推出省级 PPP 项目,其中环保类项目包括污水处理、垃圾处理、生态环境等方面，共计162个，总投资额约523亿元。大批环保类PPP项目的引进极大地调动了社会投资参与环保产业发展的积极性，很大程度上解决了地方政府环保投入的资金短缺问题，尤其是小城镇环境基础设施建设方面成效显著。

新阶段，环保PPP项目不仅要注重项目和投资的数量增长，更要注重质量提升。首先，应当建立环保PPP项目的效益评估。以往的实践表明，在市场机制的作用下，民营资本的运作效率明显高于国有资本的运作效率。因此，在引进民营资本的同时，一定要提高环保项目的运作效率，才能倒逼环保产业的深化改革和优化发展。其次，应当建立环保PPP项目的融资风险预警机制。环保PPP项目的本质是公共部门向私人部门转移风险，私人部门通过与政府的合作获得政府信用的保障。政府出项目，企业出资金。在实际操作中，一些企业利用环保PPP项目，从银行大笔贷款，以较低的自有资金和较高的负债杠杆撬动整个项目，这无疑会增加环保PPP项目的资金风险。因此，必须严格控制企业的贷款比例，降低融资风险，保证环保PPP项目的稳定性。最后，应当建立环保PPP项目的长期激励机制。环保PPP项目属于公共基础设施建设项目，投入大、周期长、收益低，这既不符合地方政府对短期政绩的诉求，也在一定程度上降低了民营资本的积极性。因此，有必要制定包括税收优惠、财政补贴在内的"一揽子"激励机制，吸引更多的优质民营资本参与环保PPP项目。环保产业的PPP盛宴已然拉开序幕，如何高效、高质地利用好这个新的投资渠道，我们才刚刚起步。

2. 开辟环境监管的新途径

最近10年，环境污染事件的规模、损害后果、污染类型日趋扩大，环保部门扮演的角色仍像是救火队、消防员，污染事件发生后最先被问责的是环保部门，负责处理善后的也还是环保部门。为什么环保部门只能亡羊补牢，而不能防患于未然？问题正是出在环境监管的环节，现阶段的环境监管重事后"管"而轻事前"监"。

新时期的环境监管应在保证事后管理的同时,加强事前监督。近年来,环保部门通过督查督办、专项执法、行政管理等多种方式加强对环境污染的监督管理,不过,这些措施大多是事后管理。正如一个监狱满员的城市并不意味着城市治安良好一样,环保部门行政处罚力度的加大,以及违法行为责令改正次数的增加并不是环境监管的目的。环境监管的真正目的在于,通过加大监管和行政处罚力度真正发挥环境监管的威慑力,使环境违法逐年下降,尽可能将大多数污染事故消灭在萌芽状态,形成强大震慑。此外,还应当充分利用环境大数据和现有的污染预警系统,通过对历史污染事故的特征识别和模拟分析,建立污染事故预警体系,按照风险概率分布确定重点监控地区和重点监控企业名单,改变传统的以企业规模作为国控单位的筛选机制。

另外,现阶段环境信用评价重事前"评",轻事后"惩",应加强对低环境信用企业的评价后惩罚。2013年12月,环境保护部会同国家发改委、人民银行、银监会联合发布了《企业环境信用评价办法(试行)》,指导各地开展企业环境信用评价,督促企业履行环保法定义务和社会责任,约束和惩戒企业环境失信行为。不过,办法对评价结果的处理仍然处于向社会公布,通报给同级有关主管部门、银行、证券、保险监管机构、监察机关,以及有关工会组织和行业协会的状态。对于环保诚信企业,只能做到"建议"银行业金融机构予以积极的信贷支持;对于环保警示企业,也只能做到"建议"银行业金融机构严格贷款条件。可见,这样的评价办法对于环保诚信企业无法发挥守信激励作用,而对于环保警示企业也很难实现失信惩戒效果,对企业并未形成一定的直接约束力。应当加强与同级主管部门、银行、监察机关合作,努力将环境信用评价结果列为决定企业资质和贷款资格的关键因素之一,使环境信用评价机制真正发挥环境监管效用。

3. 利用大数据、"互联网 +"等新资源

新阶段的环境保护是精准化的,这就要求必须做到精确摸清环境底数、精细了解环境需求、精准选择环境技术、科学推进各项工作。要想实现精准化,应该充分重视环境大数据和"互联网 +"等新资源的利用。

大数据带来的不仅仅是环境质量数据生产总量的急剧增长,更是数据思维的变革。过去一度认为,主观环境需求是无法计量的,而利用大数据,可以轻易地通过观测人们的行为和选择而衡量出人们对环境的偏好和环境服务的价值,利用智慧交通分析市民绿色出行的环境影响,利用智慧医疗获知环境与市民健康的关联,利用随机问卷调查等方法获得公众对环境质量的感受数据。这些数据从不同方面反映出公众对环境质量的认知和评价,可以更加清晰地勾勒出公众的环境需求,为环境保护的相关决策提供依据。

"互联网 +"具有智能性、虚拟性、共享性等特点,这些特点使之成为提高资源使用效率、降低环境污染的有力助推器。"互联网 +"的智能性使生产者能够及时、准确地掌握资源环境消耗和污染排放情况,并对未来时期的环境资源消耗和污染排放做出精准预测,为环境资源的精准化管理和最优化利用提供了基础数据保障;"互联网 +"的虚拟性颠覆了原有的经济模式,引发了一场低碳革命,为从源头上降低环境污染提供了条件;"互联网 +"的共享性改变了产品的供需方式,降低了生产与生活中的无谓需求,为从过程中减少中间消耗提供了便利。

4. 探索环境管理的新模式

经济发展的高级形式是要素集聚,人口、经济的空间分布造成污染物的空间分布,加之污染物本身的空间特征,使环境管理不得不考虑空间问题。因此,新阶段的环境管理核心在于空间管控,理想的环境空间管控是全方位、立体式、区域化的。首先,环境空间管控是城市规划、土地利用规划、

各种专项规划及经济区划、生态功能区划等多个经济社会发展规划的全方位空间规划;其次,环境空间管控是一定空间范围内,大气、水、土壤等环境要素的立体式空间管理;最后,环境空间管控还是多个空间范围的区域化空间协调管理。

环境空间管控应当从"大"和"小"两个方向延伸。"大"的方面,在国家三大空间发展战略快速推进的背景下,"多规合一"、生态红线等环境空间管理工具不应局限于市区或市域范围,而应当把城市发展置于区域发展的整体格局中,把城市环境规划与区域环境规划有机结合起来,实现多尺度融贯的经济、社会、生态的统筹发展。在积极推进城市环境空间管控的同时,也不能忽视大城市周边和中小城市、城镇的环境问题。近些年来,由于农业、畜禽养殖业规模的不断扩大以及工业的快速发展,小城镇的环境问题逐步恶化,城镇周边土壤污染严重、工业污染不断加剧、农药化肥超标施用,加之小城镇环境基础设施薄弱、环保投入不足、环境意识单薄,使小城镇环境问题的严重性丝毫不输于大城市。因此,新时期的环境空间管控还应当做得更细,"大"的方面注重统筹,"小"的方面做好细节,大小结合,真正实现精细化的环境空间管控。

鉴于此,新时期的环境管理是空间管控,应当充分运用"多规合一"、生态保护红线等空间管控工具,从单一环境要素的独立管理走向社会、经济、资源、环境等多要素的综合管理,从条块分割的多个独立规划走向规划整合,从县域、市域、省域的分层环境管理走向以区域、城市群、经济带为广域空间单元的扁平化统一环境管理。

5. 善用需求分析、新媒体等新方法

详细、扎实的环境调查是环境政策有效性的基本保证。现有环境调查主要是针对污染源、环境本底而展开的客观层面的相关调查,这种传统的环境调查对于摸清环境家底、记录污染欠账有着重要意义。但是,随着人民生活水平的提高和环保意识的加强，公众对环境质量的多样化需求越来越高。在提升基本环境公共服务的同时，如何通过多样化产品和服务的提供最大化地满足人们个性化需求和愿望，才是新时期环保工作的目标。因此，应该经常性、深入地研究公众的环境需求，重视需求分析。有些时候环保数据与公众反应截然不同，有些地区污染水平并不低，但人们对环境数据却并不很在意；有些地区污染水平很低，但人们却对环境数据十分较真。这表明环境质量与公众不同的环境需求具有密切关系，同时，公众作为居住地的选择主体对于生活所在地的环境知情权也十分重要，改善信息对称性对于增强公众认可具有重要作用。由此可见，绝对客观的污染数据并不能完全反映公众的主观认知，只有综合性的环境需求分析才能弄清公众真实的环境需求、环境满意度和环境支付意愿，这些信息必将成为环境决策的重要参考因素。

为全面掌握公众对环境的需求及其对环保工作的评价，微信公众号等新媒体手段成为便捷、有效的方式。2015 年，环保部运用新媒体拓宽突发环境事件信息公开渠道，开通"环境应急"微信公众订阅号，向公众推送环境应急方法、突发环境事件典型案例、环境应急科普知识等。随着这项工作的推进，各地环保部门也相继开通自己的微信公众号。微信公众号等新媒体是助推公众参与环境管理的重要手段，如何利用新媒体方法真正让公众参与其中而不是流于形式（如有的地方微信公众号只是"僵尸"号），是公众切实参与新阶段环境保护的重要工作抓手之一。利用好新媒体，加强公众在环境管理中的预案、过程、行为和末端参与，有助于强化公众对于环保工作重要意义的深入了解，有助于降低环境管理的成本投入，有助于缓解社会矛盾和维护正常的社会秩序，而这些都需要地方政府勇于尝试、大胆创新，只有这样才能充分调动公众参与和监督环保工作的积极性，强化公众环保责任感。

总之，新阶段下的环境保护新布局既顺应了持续发展的新期待，又彰显了科学发展的新要求，还强化了协调发展的新认识，更开启了责任发展的新征途。

（三）新协调

为应对新阶段的发展态势，做好新形势下的环境保护工作必须协调好四个关系：

1. 协调前后，强化政策衔接

目前，一些环境政策之间存在互不协调、不衔接、不连续，甚至互相矛盾的地方。之所以出现这种问题，与政策制定者缺乏全局观、宏观经济形势影响分析等因素有关。由于环境污染具有长期性、潜伏性和广泛性等内在特征，环境政策与其他经济社会政策不同，要想见到政策实施的效果，需要长期、持续的努力。在这期间，环境政策的不连续性必然会造成环境政策公信力的下降，实施决心、政策效果的下降。因此，新时期环境保护工作首先要协调好政策衔接，做到基本环境政策不因行政领导换届而改变，不因经济形势下滑而改变，不因短期既得利益受损而改变，保证前后政策不重复、不矛盾、不抵消，实现环境政策的连贯性和延续性。

2. 协调左右，构成部门合力

满足人们的环境需求已经不再是环保一个部门的职责，也不是单靠环保部门的力量就能实现的。改善环境质量是每个公民的期盼所在，也是全面建设小康社会的关键所在。新时期环境保护更需要发改部门作出符合绿色发展要求的产业部署和产能调整，实现工业绿色化；农业部门革新化肥农药施用方式，实现农业绿色化；交通部门提高机动车排放标准，实现交通绿色化；城建部门作出以生态为核心的城乡发展规划，实现城镇绿色化；科技部门加大技术研发和引进力度，保障绿色化的科技支撑；教育部门重视可持续发展教育，让绿色可持续的发展理念深入人心。这些都需要做好环保部门与其他部门的关系协调，只有处理好部门关系，才能形成工作合力，团结一心搞好

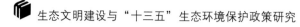

生态文明建设。

3. 协调上下，形成积极反馈

当前中央与地方环保部门以及地方各级环保部门之间，仍然存在事权不明确、职责不清晰、信息不透明、沟通不通畅、协调不得力等问题，造成了理解障碍和协调壁垒。这些问题应通过合理的机制调整加以解决。当前，我国环境形势严峻，新常态下环保部门面临的压力更大，任务更重。中央环保部门必须深入基层，走进实体，通过调研、座谈等方式深入了解地方政府和企业在贯彻环保政策时存在的问题和困难，充分论证，制定出更接地气的环境政策。地方环保部门必须在贯彻实施环境政策时总结经验和问题，并及时将问题反馈给中央环保部门，为提高环保政策的针对性和可操作性提供最宝贵的第一手资料。只有中央和地方理顺关系，加强合作，增强互信，才能共同应对新时期的环保挑战。

4. 协调内外，关注两个大局

从 20 世纪六七十年代生态环境意识觉醒以来，人类对生态环境问题的认识不断深化。1972 年召开联合国首次人类环境会议、1992 年召开联合国环境与发展大会、2002 年召开可持续发展世界首脑会议、2012 年召开联合国可持续发展大会、2015 年召开巴黎气候变化大会，国际社会的努力为我国加强环境保护提供了重要借鉴。作为世界上最大的发展中国家，中国拥有全球第一的人口和第二大经济体量，对推动全球环境保护具有重要作用。全球气候变化工作离不开中国的努力，中国的环保工作也必须以全球环境保护的总体目标为前提，学习借鉴各国环保技术和经验，吸取各国的教训，走国际化的道路。当然，也正是由于我国人口数量多、经济体量大，发展不平衡，中国的环境问题更加复杂。世界上没有哪一个国家像中国一样经历了压缩式的经济增长和污染集聚，也没有哪一个国家像中国一样面临同样严峻的生产污染和生活污染问题。因此，新时期的环境保护既要关注国际动态变化，又要全面考虑中国特点，积极主动参与国际环境发展领域的合作与治理，根据国内新形势、新任务的需要及时出台加强环境保护的战略举措，走中国特色的可持续发展之路。

在构建"五位一体"进程中，生态文明成为治国理政的一大主题，关键词在于"转变"：从片面的、急功近利的发展观向全面、科学的发展观转变；从粗放式发展向集约精细的发展转变；从主要关注数量增长向更加注重质量效益转变；从单纯追求 GDP 向以人为本、绿色的发展转变。我们期待并坚信："开着宝马喝污水"的时代正在远去，"人与自然和谐相处的可持续发展"的时代正在来临；"既要金山银山，也要绿水青山"的科学发展理念将会更加深入人心；"经济、政治、文化、社会、生态协调发展"将会成为全体中国人民的基本共识；"发展中大国也是负责任大国"的良好形象将会在国际舞台上实现更好地维护和提升。

二、抓牢主线、划定红线、坚守底线， 扎实做好"十三五"环保工作①

"十三五"环保工作主线很清晰，就是以改善环境质量为核心；任务措施很明确，就是深入实施大气、水、土壤污染防治三大行动计划；工作的具

---

① 秋缬滢．抓牢主线、划定红线、坚守底线，扎实做好"十三五"环保工作［J］．环境保护，2016（14）：9－11.

体成效,就是系统化、科学化、法治化、精细化和信息化水平。那么,应该采取什么样的工作方法呢?要从"抓牢主线、划定红线、坚守底线"三个方面着力,念好"实、准、恒"三字诀,推进"十三五"环保工作取得更大成效。

(一)抓牢主线——念好"实"字诀

抓牢主线,就是牢牢以改善环境质量为核心做好任务部署,务求实效,久久为功。

小康全面不全面,生态环境很关键。中共十八届五中全会将生态环境质量总体改善列为全面建成小康社会的目标要求,呼应了全社会的热切盼望,这也表明"十三五"时期,生态环境保护要有更广的视野、更大的作为、更多的行动、更深的改革、更实的成效,要坚持以人为本、科学发展、改革创新、依法治环,转变管理方式,完善治理体系,提高治理能力,着力解决突出问题,不断提升环境质量和人民生活质量。还要看到,环境质量是一种公共产品,保证基本的环境质量、使公众健康不受侵害是一条底线,是政府应当提供的基本公共服务。近些年来,经济高速发展带来的生态空间占用和环境压力越来越大,同时人民群众对生态环境质量的需要和要求越来越高,环境质量与人民群众期望之间的差距进一步拉大,成为全面建成小康社会的突出"短板"和社会隐忧。因此,改善环境质量应该成为环保工作的根本出发点和落脚点,应该成为环保工作的持久目标和"十三五"环保工作的指引。"十三五"环保工作明确以改善环境质量为核心,可以使环境治理成效与老百姓的感受更加贴近,让人民群众获得明显的满足感;可以更好地调动地方积极性,让地方的环境治理措施更有针对性;可以更好地统筹运用结构优化、污染治理、总量减排、达标排放、生态保护等改善环境质量的多种手段,形成工作合力和联动效应。

如何牢牢扭住环境质量改善这个核心？

1. 要正确认识并处理好发展和保护的关系

环境问题具有普适性，是人类社会发展面临的共同挑战，不是中国独有的。它又是一个阶段性的问题，在工业化、城镇化、现代化的进程中，这个问题会变得更加突出。一个民族、一个国家要发展，必须要在发展中解决好环境问题，这样才能够实现可持续发展。正确处理环境保护和经济发展的关系是始终要面对的一大难题。环境保护和经济发展两者既相互制约又相互促进，离开经济发展抓环境保护是"镜花水月"，一味保护而没有发展，特别是缺乏新兴产业和科学技术的支撑，环境保护最终将无从着力；脱离环境保护搞经济发展更是"扬汤止沸"，一味发展而不对两者的关系悉心谋划，要是大幅超出了资源环境承载能力，就会对经济发展的基础支撑体系造成不可逆的破坏，经济发展最终将无从持续。要积极践行"绿水青山就是金山银山"的发展理念，打破简单把发展与保护对立起来的思维束缚，努力实现发展和保护内在统一、相互促进和协同融合。

2. 要全面认识环境质量改善和总量减排的关系

环境质量改善是根本目的，是矢志不渝的追求；总量减排是重要手段，是最基本的硬性及格要求。总体而言，手段要服从服务于目标，总量减排作为改善环境质量的主要手段之一，应服从服务于质量改善。偏离根本目的而一味强化手段，容易陷入人民群众切身感受和环境统计数据、监测数据"两张皮"的怪圈；脱离工作手段的环境质量改善，容易陷入"口惠而实不至"的困境。要进一步完善总量控制制度和指标体系，加强总量指标与质量指标的相互衔接，推进二阶改善，狠抓环境质量改善，推行区域性、行业性总量控制，鼓励地方实施特征性污染物总量控制，改进减排核查核算方式方法，使总量控制更好地服务于质量改善。

3. 要系统认识环境要素和环境质量的关系

坚决打好大气、水、土壤污染防治三大战役，建立环境质量和环境要素的双管体系，实现水、大气、土壤、生态系统等全要素目标指标管理，奠定对所有环境介质监管的管理基础。环境问题存在于生产、生活、生态之中，环境质量受制于生态本底、气候变化、生产和生活方式、人口和经济体量、能源消费结构等，伴生于工业化、城镇化和农业现代化，对不同地区而言，改善环境质量所针对的环境介质和环境要素可能会各有差别，有的城市地区，其环境挑战表面上是大气，本质上可能是水；有的农村地区，其环境挑战表面上是水，本质上可能是土壤；因此，要因地制宜确定主攻重点和策略要旨。

4. 要建立完善的天地一体化监测体系

环境质量改善需要真实的与人民群众切身感受相同的数据基础，生态文明体制改革背景下的政绩考核需要统一衡量标准的客观依据，新《环境保护法》按日计罚的严格实施，需要公正严明的法律依据，智慧环保理念需要平台抓手。抓牢环境质量改善这一管理核心，需要架牢天际一体化的监测天线。天地一体化监测体系建设卡住环境本底和排放源头两个端点，既要建立完善大气、水（地表水、地下水、饮用水水源地）、土壤全要素在线、离线监测体系，也要建立完善重点排放污染源（常规污染物、特殊污染物）的在线、离线监测体系，以在线体系作为日常监控手段，以离线体系作为监察抽查手段。"十三五"期间，结合环保监测监察垂直管理全面部署整合天地一体化监测体系，要制定完善的监测、监察方案，同时主动坚定地公开环境质量信息和违规排放企业名录，真正实现架牢环境质量改善天线的作用，强调实现长期、稳定的环境质量达标。

（二）划定红线——念好"精"字诀

划定红线，就是划定并严守生态保护红线，而且一旦红线划定就要成为不可逾越和更改的法定界限，突出精细管理、精准发力。

人口多、人均资源占有量低，能源资源相对不足、环境承载能力有限是基本国情。从资源环境约束看，强调环境承载能力已达到或接近上限，这就要求清醒认识保护生态环境、治理环境污染的紧迫性和艰巨性。要明确制定准入条件和负面清单，在重点生态功能区、生态环境敏感区和脆弱区划定生态保护红线并实施严格管控，推进重要生态系统休养生息，增加生态产品供给和环境容量。

1. 落实国家主体功能区规划

国土是生态文明建设的空间载体，区域发展对于生态文明建设十分重要。国家主体功能区制度要求按照人口资源环境相均衡、经济社会生态效益相统一的原则，整体谋划国土空间开发，控制开发强度，科学布局生产空间、生活空间、生态空间，给自然留下更多修复空间。习近平总书记提出，要坚定不移加快实施主体功能区战略，严格按照优化开发、重点开发、限制开发、禁止开发的主体功能定位，划定并严守生态红线，构建科学合理的城镇化推进格局、农业发展格局、生态安全格局，保障国家和区域生态安全，提高生态服务功能。要牢固树立生态红线的观念。在生态环境保护问题上，谁也不能越雷池一步，否则必然受到惩罚。

2. 做实环境空间规划

规划不只有空间规划，但基础和依托的载体是空间规划。新中国成立以来，特别是改革开放以来，借鉴国外经验，我国各类规划不断丰富，尤其是空间规划作为政府宏观调控的重要手段及各种生产生活要素布局的重要载

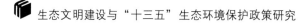

体,其作用与意义得到凸显,成为调控各种资源、保护生态环境、维护社会公平、保障公共安全和公共利益的重要公共政策工具。环境保护也是如此,需要进一步做实环境空间规划。当前及今后一段时期,仍然要继续发挥空间规划的宏观调控功能,还要摒弃没有基于空间定义的自然和经济社会综合性政策引导所伴生的各类问题。从实践来看,推进"多规合一"不失为一种可行的基本手段,要推动经济社会发展、城乡土地利用、生态环境保护等规划"多规合一",实现"一本规划、一张蓝图",并以此为基础,坚持"一张蓝图干到底"。

3. 强化空间红线约束

在协同推进新型工业化、城镇化、信息化、农业现代化和绿色化的进程中,在城镇人口比例已经超过我国总人口的50%和进入新常态的转型升级进程中,要强化红线思维,要让城市发展更守规矩,城市管理更加精细。要划定并守住空间红线,为各地空间规划编制提供反规划思维的科学依据,优先划定生态保护红线。进而结合地方城镇化建设需求,实现发展和保护的有机统一,划定水体保护线、绿地系统线、基础设施建设控制线、历史文化保护线、永久基本农田和生态保护红线划定水体保护控制线、绿地系统控制线,保障支撑城镇空间的生态基底完整性和生态服务功能的稳定发挥。

(三)坚守底线——念好"恒"字诀

坚守底线,就是坚守小康"短板"不能更短,确定保底线的目标要求和治理秩序,是扎实做好环保工作的积极行动。要坚持常抓不懈,一以贯之,绝不能有丝毫的动摇和偏移,更不能有片刻的松懈和麻痹。

环保是亟待补齐的"短板",要牢固树立绿色发展理念,加快补齐生态环境"短板",着力点就是从群众反映的突出问题着手,要切实解决城市黑臭水体和重点区域重污染问题。要精准发力,不能平均用力,要从"好"

"差"两头发力，让生态环境优美的地区更美，让环境质量不佳的地区转好。

一是在指导思想上，要牢固树立底线思维，要强化纪律红线，严守思想底线；要强化规定红线，严守行动底线；要强化不为红线，严守责任底线。既要让污染者懂得守法不是高要求，是底线，不能不作为，还要让过去环保执法"过松过软"的状况彻底扭转过来，敢于碰硬，从严执法，形成高压态势，鼓励和支持地方政府在环保方面的作为。

二是在指标设定上，要推进"两限工作法"，即限档次和限比例。针对不同的环境要素和环境载体，不仅要总量减排，而且要对达到不同环境质量标准的档次和比例进行限定。就水而言，限制Ⅰ～Ⅲ类水不能降档，而且比例要提升到70%以上，这意味着Ⅳ类水不仅要减少更要有水质提升，才能达到Ⅰ～Ⅲ类水的比例目标；内在的要求是劣Ⅴ类水比例要减少到5%以内，Ⅴ类水绝不能降档到劣Ⅴ类，才能达到控制目标。同样，就大气来说，要求地级及以上城市目前的优良天数不能降低，比例要提升到80%以上，那么轻度污染的情况要有所提升，才能达到目标；重污染天数要减少，中度污染不能降档，才能达到控制目标。同时，其中也蕴含着目前的Ⅰ～Ⅲ类、劣Ⅴ类比例，优良天数、重污染天数比例是底线指标，是不能再后退的。

三是在工作目标上，要崇尚科学化、注重系统化、倡导法治化、厚植精细化、推进信息化，在规划上不缺席、体制上不缺位、政策上不缺失，加快推进生态环境治理体系和治理能力现代化，确保到2020年实现与全面建成小康社会相适应的环境质量目标。按要素全面落实生态环境治理工程建设，但建设目的是要稳定发挥其治理作用。要高度重视生态环境治理工程怎样长期、稳定地发挥治理作用，建立生态环境治理工程的长效监督机制，避免工程"晒太阳"。

扎实做好"十三五"环保工作，补齐全面建成小康社会的生态环境"短板"，任务重时间紧，既要有推进工作的重要手段，又要狠抓工作的重要

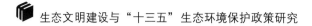

"身段"。我们要深入各项工作中，身心沉下去，才能不把工作浮于表面，吹响全面建成小康社会的冲锋号，实现生态环境质量总体改善。

三、编制"十三五"环保规划应明确的三个问题

"十三五"是我国全面建成小康社会的关键时期，"十三五"规划是全面小康的规划，也是实现第一个百年目标的规划。就环境保护而言，"十三五"时期我国环境保护仍处于负重前行的困难期和大有可为的机遇期，"十三五"环保规划是环境质量改善的规划，是环境保护措施的规划，在目标上要坚决守住环境底线，在战略上要树立适应新常态的精细管理新思维，在措施上要全面构建以流量为核心的管控体系。

（一）守住全面小康的环境底线

"十三五"时期，环境保护形势依然严峻。2015 年 4 月 3 日，习近平总书记在参加首都义务植树活动时强调指出，与全面建成小康社会奋斗目标相比，与人民群众对美好生态环境的期盼相比，生态欠债依然很大，环境问题依然严峻，我们必须强化绿色意识，加强生态恢复、生态保护。

底线思维，是我国谋划"十三五"发展的基本思想。2015 年 5 月 27 日，习近平总书记在华东七省市党委主要负责同志座谈会上强调，谋划"十三五"时期发展，要坚持底线思维，清醒认识面临的风险和挑战，把难点和复杂性估计得更充分一些，把各种风险想得更深入一些，把各方面情况考虑得

更周全一些，搞好统筹兼顾。底线思维，就是要把最坏的情况想充分并做好应对准备，才更有把握争取最好的结果，这是深度的探底；同时也意味着，要分析经济社会发展中各个方面的底线，这是广度的覆盖。

小康全面不全面，生态环境质量是其中的一条底线。当前，资源约束趋紧，环境污染严重，生态系统退化，环境承载能力已达到或接近临界点。显然，当前生态环境状况并不能满足全面建成小康社会的基本要求，生态环境已成为全面建成小康社会的"短板"和"瓶颈"制约。因此，"十三五"环保规划要从全面建成小康社会的要求出发，全面梳理小康社会对生态环境的底线要求，坚决守住环境质量底线。

守住环境底线，要明确环境底线的具体要求，特别要明确哪些底线没有实现，哪些底线面临潜在的威胁。理论上，环境质量底线，应该以全面小康社会的要求为基准；实践中，环境质量底线，应该至少保证环境质量只能更好不能更差，环境质量要"有底"，要确保环境质量不降级。"十三五"环保规划的环境质量底线指标，从水、气和土壤等方面必须考虑城乡安全饮用水达标率、空气质量达标率、农业生产用地土壤环境质量达标率等基础性指标。

明确环境底线，需要重点关注与人民群众密切相关的环境问题。环境质量改善的成果，要让人民群众看得见、摸得着、能受益。在当前我国资源、财力有限的情况下，未来环境保护领域的政策不可能面面俱到，而是要把有限的资源用来解决群众反映强烈的、最能关乎百姓福祉的突出环境问题。这个方面的指标主要指向大范围长时期的重污染天气、长期困扰人民生活的城镇黑臭水体、影响人民身体健康的饮用水超标、土壤污染导致的食品安全和重大突发环境事件管控等。

守住环境底线，要充分估计压力和挑战。要从社会经济发展趋势出发，充分分析未来社会经济发展的速度、结构、质量和潜在压力，对可能的难点有充分的估计和应对方案。"十三五"时期是我国全面建成小康社会的决战时期，经济社会的各个方面势必发生新的变化，而这些新的变化必然给环境保护工作带来有利或不利的影响，因此，对于这些新的变化，环保规划要未雨绸缪、提前防范，充分估计"十三五"时期潜在的压力和挑战，谋划好应对战略，确保守住环境质量底线。

守住环境底线，要进一步释放制度红利。建设生态文明具有很大的"制度红利"。制度建设是生态文明建设的重要内容，制度进步是生态文明水平提高的一大标志，加强制度建设与改善生态环境质量是同等重要的任务。理论上，我们靠"砸钱"也能搞出一个良好的生态环境来，但如果不能同步实现人的素质提高和制度的进步，即使生态环境质量有所好转，也不会是长久的，也不等于生态文明水平就提高了。我国目前的生态文明水平还不高，主要原因是缺乏基本的生态文明制度来调节人们的意识和行为。实践证明，通过生态文明制度建设，在不花费大量资金投入的情况下，也能取得很大成效，这就是生态文明建设的"制度红利"。生态文明制度建设，除了坚持实施已有的有效制度外，还需要针对现实中存在的主要问题，进行必要的制度创新。

守住环境底线，要正确引导公共舆论。公共舆论及其所引领的社会氛围对环境保护的影响重大。改革开放以来，经济社会发展没停步，人民生活改善在持续，环境保护力度在逐步提升，可不满意度也在不断提升。这一方面说明，有些工作确实还没有做好没有做到位，另一方面也说明，舆论氛围也在一定程度上提升了公众对周边环境的警惕性和敏感性，也放大了公众对环境的焦虑和不安。如雾霾问题，一些媒体喜欢渲染人们无法从容地安排生活和消费，造成了很多误读。因此，客观、理性的舆论是持续改善环境的重要条件。对公共舆论的引导，要用最有效的方式与公众沟通，消除信息盲区，为公众解疑释惑。能尽快解决的，就紧锣密鼓地去做；需逐步解决的，要提出目标、路径、时间表,让百姓胸中有数。

整体来看,"十三五"时期全面建成小康社会的战略目标,要求守住环境质量底线,确保环境质量只能更好不能更差,让良好生态环境成为人民生活质量的增长点,成为展现我国良好形象的发力点。

(二)树立适应新常态的精细管理新思维

经济新常态下我国发展仍处于可以大有作为的重要战略机遇期,经济发展总体向好的基本面没有改变,但是也发生了一些新的深刻的变化,同样对环境保护提出了新要求。新常态其实是一种"优态""活态",归根结底是一种"正常态"。统筹"十三五"环保规划,要把思想和行动统一到中央的战略判断、战略谋划、战略部署上来,沿着认识、适应和引领新常态的大逻辑,明大势、看大局,乘势而谋,顺势而变,与世俱进抓好新常态下的环境保护工作。

做好新常态下的"十三五"环保工作,要全面认识新挑战,充分把握新机遇,最大限度释放新红利,树立环境管理的新思维。

1. 新挑战

"十三五"时期我国环保面临三大新挑战:

一是环境承载的高负荷。解决我国一切问题的关键是发展,但资源相对短缺、环境容量有限是我国的基本国情。我们面临着一个人类历史上前所未有的发展和环境之间的矛盾,就是环境承载的高负荷。新常态并不意味环境承载力为经济发展提供容量空间的历史任务已经完结,而是对环境承载力提出了更高的要求。尽管从经济总量看,我国经济持续高速增长已经带动中国进入工业化中后期阶段,但我国仍然是发展中国家,城乡发展不协调、区域发展不平衡,发展经济和保障民生的任务依然繁重。在局部地区维持较高的经济增长仍然非常必要,因此,环境保护既要促进经济发展提质增效,又要为经济发展释放必要的空间,这会给一些地方本就紧张的环境和经济关系增加新的压力。

二是环境质量的高诉求。新常态不仅标志着经济发展新模式的开启,还意味着公众环境意识的加强,以及对环境质量诉求的不断提升。随着经济发展水平不断提升,人们更加关注与健康密切相关的环境问题,更加期待良好的生态环境质量,环境问题已经成为社会关注的焦点问题。环境就是民生,青山就是美丽,蓝天也是幸福。改善环境质量既是人民群众的高度期待,也是经济转型发展的必然要求,更是维护国家生态安全的迫切需要。

三是环保工作的高要求。环境污染是民生之患、民心之痛。长期以来,党和政府对加强环境保护态度坚决、要求严格。党的十八大把生态文明建设置于更加突出的位置,习近平总书记无论在国内主持重要会议、考察调研,还是在国外访问、出席国际会议活动,常常强调建设生态文明、维护生态安全,有关重要讲话、论述、批示超过 60 次。2014 年政府工作报告提出,要像向贫困宣战一样坚决向污染宣战,对环保工作提出了更高要求。

2. 新机遇

经济新常态也给环境保护带来了历史新机遇:

一是绿色发展步入蓬勃期。全面深化改革和依法治国明确了转型发展的路径和制度保障,建设生态文明的国家意志更加坚定,人民群众空前关注并积极参与环境保护,全国上下思想统一,真正迈入既要金山银山,也要绿水青山,保护绿水青山就是金山银山的绿色发展期,新型工业化、城镇化、信息化、农业现代化和绿色化协同发展步入蓬勃期。

二是污染物新增量进入收窄期。经济增速开始换挡,重化工业快速发展的势头减缓,能源需求开始呈现低增速特征,经济总量和结构都在向有利于环境保护的方向发展,污染物新增量同比开始下降,排放强度同比逐步回落,污染物排放高位趋缓。

三是技术红利正在进入释放期。过去几十年节能节电节水、截污、清洁生产、提高生产效率的技术进步要远远大于末端治理的进步，但是这些红利却没有释放出来。随着我国正在深入实施创新驱动发展战略，节约资源、保护环境的技术红利将得到充分释放。我们还要从长远的系统技术需求上进行思考和布局，创新和储备未来的技术红利。

四是环保投入开始井喷期。环保投入是环保事业发展的物质基础，是响应生态文明建设和环保事业发展的需要。围绕环境保护的产业政策制定正步入变革期，不断改变着产业的服务边界。在大气、水、土壤三个"十条"以及 PPP 等新模式的推进下，"十三五"环保市场潜力巨大，总的社会投资有望达到 17 万亿元。政策导向的转变，打开了万亿级环保需求的、无"天花板"的市场，全社会的环保投入热情前所未有的高涨，环保投入有望"井喷"迸发。

五是生态文明制度进入系统完善期。法治方面，2015 年 1 月 1 日新修订的《环境保护法》开始实施，环保有了"钢牙利齿"，环境法律法规就成为"有牙的老虎"。体制方面，环保领域的全面深化改革，正在以生态环保职能优化整合和事权合理划分为突破口，统筹监管环境保护、生态保护与污染防治、国际与国内环境问题，全面增强生态环保管理体制的统一性、权威性、高效性、执行力，形成政府主导、市场激励、社会动员的生态环保治理体系。规划方面，"气十条"、"水十条"和"土十条"，是面向环境要素的规划，正在试点的环境总体规划，是面向经济社会发展规划、土地利用规划、城市发展规划等"多规合一"的基础性规划，将充分发挥规划的引领、引导作用。在多种利好共同作用下，我国环境质量改善已经初步显现。我们既要认识到环境质量差的客观现实，还要坚定环境质量改善的信心。人努力，天帮忙，好的环境质量就可以实现，"APEC 蓝"的难度很大，但也实现了。人够努力，好的环境质量也可以期待，要用水滴石穿、久久为功的毅力，打好环境质量改善的攻坚战。

新常态为环境保护工作带来了新的挑战和历史机遇,"十三五"环保规划需要树立新思维,那就是环境管理要向精细管理、精准发力转型。整体来看,经济社会新常态的背景下,资源环境要素投入增幅呈下降趋势,环境压力高位舒缓,环境压力的位和势都发生了新的转变。为在有限的腾挪空间内调控环境质量改善和经济中高速增长之间的剧烈冲突,环境管理必须精细管理、精准发力,要从大尺度的区域管理到空间单元化的精细管理,要从静态总量管理到动态流量管控的精准发力。

(三) 全面构建以流量为核心的管控体系[①]

"十三五"环保规划要紧紧盯住确保环境底线的核心目标,树立精细管理、精准发力的新思维,关键就是要全面构建以流量为核心的管控体系。具体就是从总量控制到流量管控,对容量设上限,对流量划标准,对总量不放松,从而守住环境质量底线,实现环境质量改善目标。

1. 容量设上限

质量是容量承载的呈现,环境质量目标直接决定了环境容量的大小,质量与容量是一体两面。"十三五"环保规划需要改善环境质量、守住环境质量底线,就是要以环境质量底线为准绳,为环境容量设定上限。

容量设限和总量控制同而有异。容量设限是客观隐含主观,首先环境容量是给定环境质量目标下的某个时空条件下的客观,其次其主观性体现在目标是对人民群众环境质量诉求的响应,即随着环境质量改善的要求提高,环境质量目标会相应提高。总量控制是主观隐含客观,总量控制通常是目标总量,也就是行政总量,是基于污染排放量现状、减排能力、经济技术水平和

---

① 雍阳仁.全面构建以流量为核心的管控体系 [J].中国环境管理,2016 (2):115.

环境功能标准等综合得出的，这是主观的，而其年度总量减排是客观的。只不过，目标总量在很长时间内都是达到或接近环境承载能力极限，环境质量自然无法改善，因此，为了促进环境质量改善，就应在给定环境质量目标下设定环境容量上限，以容量上限来推进环境管理工作。

设定了环境容量上限，就可以简化环境与发展的关系，就可以通过容量谋发展，通过发展换容量。环境是重要的发展资源，良好环境本身就是稀缺资源，设定容量上限，就对环境这种资源进行了赋值，就可以纳入生产全过程、规划全链条、发展全视角。容量大，发展空间就大；发展好，就有足够投入通过生态等方法来扩容。

2. 流量划标准

理论上，给定环境质量目标可以确定相应的容量上限，但是，现实中对于特定空间区域，由于水文条件、气象条件等季节性和地域性因素的影响，在给定环境质量目标下环境容量却是变化的。也就是说，容量具有显著的时空特征。但是，污染排放通常是恒定的均值。工业生产的重复性、居民生活的规律性，使排放在时间上具备较强的一致性。因此，污染排放的恒定性与环境容量的动态性并不一致，从而导致部分时点环境质量过度恶化，而部分时点环境容量利用明显不足。因此，要想积极改善环境质量，充分利用环境容量，需要根据每一时点（或时段）的环境容量来确定污染排放速率上限，这就是流量管控。

现实中以污染排放速率为对象开展流量控制较为困难，可以选择一个相对均质的时间段作为流量控制的载体，例如，可以选择环境容量相对稳定的时间段作为流量管控的一个基本时间单元。流量控制要求在每一时点或者基本时间单元的不同环境条件下，确定满足特定环境质量目标的环境容量，进一步确定污染排放速率上限。从形式上看，流量管控将使基于环境质量目标、环境容量设定的污染物排放总量在时间、空间、污染物种类间实现科学分配。在环境质量动态监测评估的基础上,针对不同地区不同时段环境容量分布,采取具有针对性的差异化环境容量总量控制,实现污染排放的流量管控。

流量管控既能在条件允许时充分利用自然环境的环境容量资源,又能在不良环境条件时精准地采取措施确保环境质量,从而实现总量、浓度和速率的有效结合,实现精细化的三维空间管理。这种时空精细化的环境管理有利于充分利用自然环境容量,进而释放新的发展空间,促进环境质量目标下的经济发展。

以环境质量为目标的流量管控不应局限于主要污染物,而应覆盖环境底线所要求的全部污染物,而对主要污染物、首要污染物、优先防控污染物实施重点控制。只有这样,才能从更广泛的意义上适应新常态提出的环境管理要求,才能真正实现环境质量改善的目标,为全面实现小康社会守住环境质量底线。

3. 总量不放松

"十一五"以来,污染总量减排数据在"往下走",但公众并"没有感觉环境质量好起来",总量控制和环境质量"两张皮"并不表示总量控制不重要。作为一项污染防治制度,总量减排对有效遏制环境质量恶化功不可没。只不过,"十一五"以来总量下降的几个百分点,难以带动环境质量的全面改善。国际经验表明,环境质量显著改善一般要经过 20～30 年的治理历程。以大气污染防治为例,从大规模治理到基本达标需要 30 年左右。要使环境质量明显改善,污染物排放量至少要下降30%～50%;出现根本性改善,大部分主要污染物排放量要下降到百万吨级左右。因此,总量控制还要咬定,在"十三五"时期根据容量上限来进一步强化总量控制。

流量管控对污染排放速率的管控,促进了排放强度、排放浓度、排放密度的高度统一,让环境管理在时空上能够实现精细管理、精准发力。排放强度对应的是总量,即污染排放总量与经济总量;排放密度对应的是容量,即国土空间的环境承载；排放浓度对应的是流量，即不同时空的环境质量结果。构建以流量为核心的管控体系，就是面向国土空间的容量设限，设定排放密度，促进环境管理在空间单元化上的精细管理，也是面向时间特征的排放速率设限，促进环境管理在时间单元化上的精准发力。

四、《"十三五"生态环境保护规划》内涵分析[①]

《"十三五"生态环境保护规划》（以下简称《规划》）是"十三五"时期我国生态环境保护的纲领性文件，《规划》突出了生态环境保护的战略地位，具有十分重要的意义。《规划》的主要任务就是回答干什么、落实怎么干、明确谁来干，它体现了"十三五"时期环保工作的总体要求，其内涵和实质可以概括为：扭住一个核心、深化两大领域、打好三大战役、把握四个坚持、推进五个转变、建设六项制度。

（一）扭住一个核心

要牢牢扭住"提高环境质量"这个核心，坚持所有工作向之聚焦。以提高环境质量为核心，准确把握全面小康社会建设和补生态环境"短板"征程中生态环境保护工作的特点规律，明确了夯实工作基础的根本抓手，为新形势下推进生态环境保护工作提供了基本方向。牢牢扭住不仅强调"扭住"，而且强

---

① 闫楠，贾滨洋，江河.《"十三五"生态环境保护规划》内涵分析［J］.环境保护，2017（9）：48－51.

调“牢牢”，这充分体现了中央对提高环境质量的决心和恒心。贯彻落实“牢牢扭住”要求，必须要有不解决问题不撒手的韧劲和意志，把“牢牢扭住”要求贯穿于依照《规划》提高环境质量的各方面和全过程，形成提高环境质量的经常性机制。“牢牢扭住”提高环境质量这个核心，就是要坚持以人为本，在促进发展的同时让人民群众对环境的满意度逐年攀升。人民生活质量和生活水平的提高是一切工作的出发点和落脚点，着力解决群众最关心、最直接、最现实的环境问题，不断提高广大人民群众的生活质量，才能得到最广大人民群众的衷心拥护和支持。同时，也要坚持立足当前发展阶段，着眼长远。因为提高环境质量，是一项长期的任务和复杂的系统工程。要切实将解决好当务之急和谋划长远结合起来，确保工作持续推进、有序实施，始终保持改善环境质量的工作力度、速度与经济社会发展的水平、质量相适应。

（二）深化两大领域

要统筹兼顾继续深化环境治理、生态保护与修复两大领域。本轮《规划》的名称为“生态环境保护规划”，较以往的环境保护规划增加了专章，提出了生态保护与修复的重点任务和工程，明确环境治理与生态保护与修复协同联动，要求以“山水林田湖是一个生命共同体”理念为指导，系统推进重要生态系统保护与修复，扩大生态产品供给，提升生态系统稳定性和服务功能。

环境治理同生态保护与修复协同联动，就是要做好两个领域的工作统筹，这是解决当前诸多生态环境问题必须遵循的基本原则。要善于协调部门关系，形成多部门协同的强大合力，相关部门之间相互促进、相互支撑，实现良性互动；要全面部署、协调推进，要统筹国家利益与部门利益、局部利益和整体利益、当前利益和长远利益，充分调动各方面的积极性；要坚持把污染源治理和生态环境保护与修复都作为工作的着眼点和着力点，把不断提高环境质量和修复生态环境作为可持续发展的重要基础。既要继续抓住和用好重要战略机遇期，在改善民生上取得新成效，又要努力防范环境和生态风险，保持社会大局稳定。

（三）打好三大战役

要打好向污染宣战的水污染防治、大气污染防治、土壤污染防治三个重大战役，用强硬的措施政策和法律强化污染防治。

各级环保部门开展水、大气、土壤污染防治工作时，要在精准识别的基础上，制定具有针对性的具体措施。精准识别的要求有三点：一是成效管理精准。要建立监测评估体系，对防治情况进行监测评估，准确反映工作成效。二是规划目标精准。紧扣总目标，立足各地实际，注重与全面小康指标相衔接，实事求是制定各项工作目标，不提好高骛远的指标数据。三是推进思路精准。逐个分析污染形成原因，找准症结，因地制宜选好"药方"。按照"一役一域调研摸底、一役一域一本台账、一役一域一个工作计划、一役一域绩效跟踪"的要求，制订工作计划，明确责任人，确定具体的任务、标准、措施和时间节点，提高污染防治行动工作的针对性和实效性。

（四）把握四个坚持

1. 坚持贯彻落实绿色发展理念

《规划》最突出的特点就是把绿色发展理念贯穿全篇，统一贯彻于各领域各环节。《规划》提出，坚持节约资源和保护环境的基本国策，坚持可持续发展，坚定走生产发展、生活富裕、生态良好的文明发展道路，加快建设资源节约型、环境友好型社会，形成人与自然和谐发展的现代化建设新格局，着力践行以人为中心的发展思想，不断提高环境质量。

2. 坚持推进供给侧结构性改革

供给侧结构性改革是解决目前发展中面临的突出矛盾和问题的根本途

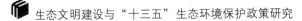

径，是适应和引领经济发展新常态的重大创新。"十三五"期间，生态环境保护工作要以推进供给侧结构性改革为己任并发挥独特优势，帮助宏观经济部门着力提高供给体系的质量和效率，使我国供给能力、供给质量和供给结构更好地满足人民日益增长的物质文化与生态环境需要。而供给侧结构性改革的成功，也必将为提高整体生态环境质量提供动力。

3. 坚持科学统筹确定目标指标

《规划》围绕全面建成小康社会补齐生态环境"短板"的目标，坚持全面体现新发展理念，同时，在认真分析发展环境变化基础上，按照引导预期、留有余地、切实可行的原则，从健全科学考核评估体系出发，设置多个方面指标。通过这样的指标设置，重点强化补齐"短板"、优化生态环境、改善民生的发展导向，并注重选取有代表性、更加贴近群众感受的指标，努力将各方面注意力和着力点引导到提高环境质量这个核心上来。

4. 坚持强化重大政策、重大工程和重大项目支撑

"三个重大"是把《规划》做深做实的具体体现和主要抓手。《规划》重点围绕补"短板"、提质量、惠民生、促均衡，在深入论证的基础上，研究提出了一批"三个重大"。其中的重大工程和重大项目都以专栏方式进行了体现。

（五）推进五个转变

1. 推进从被动应对向以五大理念引领生态环保工作转变

中共十八届五中全会提出的"创新、协调、绿色、开放、共享"五大发展理念，将会对生态环境保护工作产生方向性、决定性的重大影响。创新是引领生态环保工作的第一动力，协调是加强生态环境保护的内在要求，绿色是培育生态经济增长点的必要条件，开放是开门做环保、履行国际环境责任的必由之路，共享是为人民服务的本质要求，五大发展理念是谋划"十三

五"生态环保工作的科学指导和基本原则，实施《规划》的思想武器和行动指南，更是从一纸蓝图到人与自然和谐发展的方案化、项目化、具体化。

2. 推进从末端治理向统筹源头、过程、末端三大环节转变

要树立系统思维，从全过程入手，构建"源头控制、过程监管、末端治理"同步进行的环境管理链条；要按照全生命周期理念，在产品设计开发阶段系统考虑原材料选用、制造、销售、使用、处理等环节可能对环境造成的影响，将治污从消费终端前移至产品的开发设计阶段，力求产品在全生命周期中最大限度降低资源能源消耗；要强化环境法治建设，健全监管体系、提高监管效率，坚持源头严防、过程严管、后果严惩，更好地满足人民群众的期待；要围绕保面突点，继续保持高压态势，突出整治重点问题、区域和对象，着力解决带有行业和区域共性的环境安全隐患及潜在风险；要围绕夯实基层基础，切实强化企业主体责任，扎实推进企业诚信体系建设，全面落实属地管理责任、部门监管责任；要完善法律体系，加强立法修法，建立系统完备、高效有力的环境法制体系，确保各项工作有法可依、有法必依；要提高运用法治思维和方式推动环境管理的能力，推行环保行政、刑事、民事案件"三审合一"，严格依法办事。

3. 推进向政府、企业、公众"三位一体"的全社会共治模式转变

政府、企业、公众"三位一体"是整合社会管理资源，建立新型环境管理格局的重要途径。要坚持协调协同，善于调动各方面的积极性，形成全社会共同参与的环保工作大格局。政府部门应更加注重建立健全政策法规，建立健全公共服务制度，建立突发事件的应急机制，推进管理体制改革等。企业在依法采取措施防止污染和危害、承担损害责任的同时，应全面建立环境保护责任制度，强化内部管理，接受社会监督。要充分发挥各类社会组织的作用，加强政府与社会组织之间的沟通、分工、协作以及不同社会组织之间的相互配合。

要提高全民素质，鼓励企业和公众通过各种方式参与生态环境保护工作。

4. 推进从侧重于行政手段进行环境管理向综合监管转变

强化综合监管，主要体现为：坚持行业主管、各司其职，切实做到行业管理与环境监管相统一；坚持分级负责、属地监管，全面落实地方政府和相关职能部门的环境监管责任；坚持区别对待、分类指导，进一步增强综合监管工作的效能；坚持综合协调、重点推进，统筹把握区域环境状况和重点工作。

同时，着力提升"五个能力"：要提高监督指导能力，在环境监管部门和相关部门之间建立起信息共享、交流顺畅的工作关系，能够及时了解掌握相关部门的工作动态；要提高综合协调能力，一方面要尊重行业部门的主体地位，另一方面要发挥综合监管主体作用，主动牵头加强协调，解决各方面的问题，注重调动各部门、各方面的工作积极性，共同推动工作开展；要提高执法监督能力，熟悉相关行业的环保法律法规标准，要对相关部门的环境执法、专项整治、事故查处等方面进行有效监督；要提高驾驭能力，掌握工作的主动权，要合理安排部署环境保护工作，要学会主动推动促进相关工作；要提高创新能力，要深入基层、实际，善于发现和总结典型，运用典型指导工作。

5. 推进向空间管控转变

要把握好生产、生活、生态空间的内在联系，实现生产空间集约高效、生活空间宜居适度、生态空间山清水秀；要把以人为本理念贯穿于生态环境保护工作的全过程，建设宜居宜业的美好生态环境；要着力解决"城市病"等突出问题，不断提升城市环境质量、人民生活质量，增强城市魅力和竞争力，建设和谐宜居的现代化城市；要实现精明增长、集约高效，在适当减少生产空间的同时适当增加生活空间和生态空间，坚持节约集约利用土地，将不适宜在中心城区的生产性企业搬迁到城市外围的卫星城或专业化城镇，形成分工合理、特色鲜明、功能互补的产业体系，让有限的城市空间发挥更大效益；要大力开展生态修复，切实做好城市设计工作，治理好山、海、河、湖，让人民群众"望得见山，看得见水，记得住乡愁"；要将环境容量和资源承载能力作为确定城市定位目标、规模大小、发展方向、建设体量的基本依据，控制城市开发强度，划定城市开发边界，确定城市生态红线，防止"摊大饼"式扩张；要积极倡导健康绿色低碳生产生活理念和模式，充分利用节水、节电、节能、节地、节材和循环利用技术，最大限度减少排放和污染。

（六）建设六项制度

推进《规划》实施，需建设好六项制度：一是建立固定污染源排污许可制全覆盖制度，形成系统完整、权责清晰、监管有效的污染源管理新格局，提升环境治理能力和管理水平；二是实行省以下环保机构监测监察执法垂直管理制度，切实落实对地方政府及其相关部门的监督责任，增强环境监测监察执法的独立性、统一性、权威性和有效性；三是建立全国统一的实时在线环境监控系统，适度上收生态环境质量监测权；四是健全环境信息公布制度，建立健全环境保护网络举报平台和制度，促进公众监督和参与；五是探索建立跨地区环保机构，建立污染防治区域联动机制；六是建立环保督察巡视常态化机制，严格环保执法。通过构建以上具有中国特色的、生态文明的政府、企业、公众共治的环境治理体系，全面提升我国环境治理能力现代化水平。

落实《规划》，就是要坚持用改革的思路进行制度设计提高环境质量，不断深化重点领域和关键环节改革，推进工作理念、体制机制、管理模式创新，适时把行之有效的政策措施上升为法规制度，建立健全保障和改善民生的长效机制。

1. 要把增强环境治理能力与强化环境法治建设结合起来

法治是环境治理体系和治理能力现代化的集中体现。强化环境法治首先要完善法律体系，加强立法修法，建立系统完备、高效有力的环境法制体

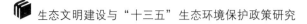

系，确保各项工作有法可依、有法必依；其次要建设法治机关，提高运用法治思维和方式推动改革发展的能力，特别是推行环保行政、刑事、民事案件"三审合一"，严格依法办事；再次要提升执法水平，完善执法程序，建立执法平台，细化环境公益诉讼的法律程序，健全监督机制；最后要加强普法教育，使全社会知法、懂法、守法。

2. 要把夯实组织保障能力与改革环境监管方式结合起来

建立强有力的组织管理体系，是环境治理体系的重要内容，也是环境治理能力的坚实基础，需要通过强化中央政府宏观管理、制度建设和必要的执法权，强化省级政府统筹推进区域环境基本公共服务均等化，强化市（县）政府的执行力作为保障。需要通过实行省以下环保机构监测监察执法垂直管理制度、跨地区环保机构建设，健全各级环境行政机构，转变政府职能、创新管理方式，完善环境的社会治理组织，完善基层环境治理机制。

3. 要把加强科技支撑能力与建立全国统一的实时在线环境监控系统结合起来

科技是环境治理能力得到根本提升，实现现代化的基础支撑。要积极探索"互联网＋"，实施环保大数据工程项目，充分发挥科研机构和企业的作用，集合各企事业单位优势，突破科研、生产的"瓶颈"，为实现全国污染源的实时在线监控提供技术保障。同时，大力培育环境科技创新主体，促进科技成果资本化、产业化，提升科技成果转化率。

4. 要把提升环保系统的干部队伍能力与开展环保督察巡视结合起来

按照培养具备广阔视野和战略思维、适应督察巡视改革的高素质干部队伍要求，努力提升环保干部队伍素质和能力。将提升领导干部和行政机关推动环保改革、科学决策、依法办事、处理复杂问题的能力等渗入环保督察的具体考核巡查中，进一步加强环境监管能力建设。

5. 要把系统提高信息化水平与全面推进信息公开结合起来

利用网络信息化平台，以充分发挥社会治理作用为重点，保障公众环境知情权、参与权、监督权和表达权。政府和企事业单位应加大环境信息公开力度，主动发布环境质量状况、污染排放情况及重要政策措施，及时通报突发环境事件，保障公众环境知情权。鼓励公众对政府环保工作、企业排污行为进行监督，广泛听取公众意见和建议并进行反馈，提升社会舆情引导能力，建立健全公众舆论监督机制。

"图难于其易，为大于其细；天下难事必作于易，天下大事必作于细。"《规划》确定的目标是国家"十三五"规划纲要目标的重要支撑，既体现了承继前一个五年规划时期良好发展势头的要求，又体现了为建成全面小康社会提供支撑的要求，是一个积极向上的目标，是一个有所作为的目标，也是一个必须经过艰苦努力才能实现的目标。只要我们统一思想、提高认识、凝聚力量、鼓舞斗志，具体抓、抓具体，抓住不放、一抓到底，就一定能够如期实现各项目标。

五、《"十三五"生态环境保护规划》的特点分析
——基于与《国家环境保护"十二五"规划》的对比①

《"十三五"生态环境保护规划》（以下简称《"十三五"规划》）提出，到2020年实现生态环境质量总体改善的总体目标，为未来几年我国

---

① 纪涛，邱倩，江河.《"十三五"生态环境保护规划》的特点分析——基于与《国家环境保护"十二五"规划》的对比［J］.环境保护，2017（22）：56-59.

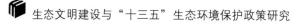

生态环境保护工作提供路线指引。通过与《国家环境保护"十二五"规划》(以下简称《"十二五"规划》)对比分析发现,《"十三五"规划》呈现新特征,标题由"环境保护"发展为"生态环境保护",工作目标发生纲领性的变化;横、纵、深三大维度体现三大特征,横向上提出空间管控的概念,纵向上提出绿色科技和制度两大创新,深度上与国家重大发展规划相结合。文章认为,落实《"十三五"规划》要求,要通过具体制度的建设对目标进行分解、细化,围绕空间管控、绿色科技创新、社会共治等与实际对接。

"十三五"时期是我国实现"两个一百年"目标的关键期,也是生态文明制度建设的深化时期。《"十三五"规划》提出,到2020年实现生态环境质量总体改善的总体目标。因而,在"十三五"期间如何综合利用政策红利、法治红利和技术红利实现这一目标成为环境保护工作的关键。在此背景下,《"十三五"规划》呈现出较以往规划不同的鲜明特征。

在"十二五"实践的基础上,《"十三五"规划》更进一步,明确提出实行空间管控的原则,并通过目标和路径的细化,将空间治理的理念贯彻到生态环境保护的各个方面。

(一) 以题目和目标为代表的纲领性变化

与《"十二五"规划》相比,《"十三五"规划》的标题由"环境保护"发展为"生态环境保护",目标由"主要污染物排放总量显著减少"转为"生态环境质量总体改善",其立足点和视域更具系统性。

环境是指影响人类生存和发展的各种自然的和经过人工改造的自然因素的总和。环境保护以人为中心,从人出发,体现出人与自然的区别与联系。而生态环境将人放到生态大系统中,把人、自然和其他有机体视为一个整体。生态环境保护由系统整体出发来谈人的主观能动性。这种对人与自然关系的再定位,使其更具有科学性和系统性。

而与污染物排放相比,生态环境质量拥有更广泛的内涵和外延。生态环境质量的总体改善不仅包括主要污染物排放总量的大幅减少,还包括环境风险的有效防范,生物多样性下降势头的基本控制和生态系统稳定性的明显增强等。此外,生态环境质量的表述突出了就环境谈环境的局限,它以一种人民群众可观可感的方式将生态环境保护与经济社会发展以及人民需求满足更加紧密地联系起来。

通过题目和目标的纲领性转变,《"十三五"规划》以联系的、发展的、全面的唯物辩证思维确定了"十三五"期间生态环境保护工作质的变革。

(二) 由横、纵、深三大维度体现出的三大特征

1. 横向:提出空间管控的概念

《"十二五"规划》提出分类指导的原则,要求因地制宜,在不同地区实施有差别的环境政策。在此基础上,《"十三五"规划》进一步提出空间管控的概念,要求依据不同区域主体功能定位,制定差异化的生态环境目标、治理保护措施和考核评价要求,分区分类实施精细化管控。

我国人口和经济的空间分布与环境问题具有高度的空间关联,生产集聚和消费集聚的中心,往往也是污染集聚的中心。因此,均一的管理手段无法满足解决环境问题的需求。2010 年,国务院印发《全国主体功能区规划》,将国土空间按开发方式划分为优化开发区域、重点开发区域、限制开发区域和禁止开发区域;按开发内容分为城市化地区、农产品主产区和重点生态功能区,并确定不同区域的主体功能和管控原则,开启了国土空间开发的进程。结合全国主体功能区规划,"十二五"环境保护规划提出制定国家环境功能区划和实施区域环境保护战略,要求对环境进行分区管理。在"十二五"实践的基础上,《"十三五"规划》更进一步,明确提出实行空间管控

的原则,并通过目标和路径的细化,将空间治理的理念贯彻到生态环境保护的各个方面(见表3-1)。

表3-1 《"十三五"规划》空间管控相关内容

章节	标题
2.2.3	坚持空间管控、分类防治
3.1	强化生态空间管控
3.4	推动区域绿色协调发展
4.1	分区施策改善大气环境质量
4.2.1	实施以单元为基础的水环境质量目标管理
4.3.5	强化重点区域土壤污染防治
5.2.3	控制重点地区重点行业挥发性有机物排放
5.2.4	总磷、总氮超标水域实施流域、区域性总量控制
6.2.2	深化重点区域重金属分类防控
7.1.2	建设"两屏三带"国家生态安全屏障
7.2	管护重点生态区域
7.4.3	建设防护林体系
7.5	修复生态退化地区
7.6.3	加强风景名胜区和世界遗产保护与管理

2. 纵向:提出绿色科技和制度两大创新

为了不断提高生态环境保护管理系统化、精细化水平,《"十三五"规划》坚持创新驱动,提出绿色科技创新和制度创新两大支柱,以科学化、法治化支持空间管控落地,推动生态环境质量改善。

绿色科技创新。《"十三五"规划》强调绿色科技创新对生态环境保护工作的引领作用,在《"十二五"规划》"加强科技支撑"政策倡议的基础上,对绿色科技需求点何在、如何强化、怎么运用等问题做出了更加明确的指导。首先,从存量和增量两方面"推进绿色化与创新驱动深度融合"。一方面与产业发展相结合，以技术创新减少生产和消费过程中的污染物排放，另一方面与治理过程相结合，以技术创新促进污染物综合利用和生态环境修复。其次，通过"加强生态环保科技创新体系建设，实施重点生态环保科技专项和完善环境标准和技术政策体系"，支持生态环境保护技术研发。最后，"建设生态环保科技创新平台"，推动科技成果转移转化和应用推广。

制度创新。《"十三五"规划》专门以一个章节论述制度创新，要求"加快制度创新，积极推进治理体系和治理能力现代化"。处理好政府与市场，政府与社会以及政府层级之间的关系是构建政府、企业、公众共治治理体系的内在要求。对此，《"十三五"规划》提出"完善市场机制""加强企业监管""实施全民行动""落实地方责任"，强调市场引导，强调全民参与，强调中央与地方政府以及地方政府之间权责分明、联合防治、严格执法。此外，在治理能力方面，《"十三五"规划》提出加强生态环境监测网络建设，加强生态环境保护信息系统建设，加强环境监管执法人员能力建设，强调通过专业化和信息化提升生态环境治理能力。

3. 深度：与国家重大发展规划相结合

"十三五"期间是我国全面深化改革的关键期，生态环境保护作为其中的重要组成部分，不仅要具有内部的系统性，还需要与外部改革发展系统相结合，一方面充分利用社会发展所带来的政策红利、法治红利和技术红利，另一方面以自身的发展突破推动社会发展大步向前。与《"十二五"规划》相比，《"十三五"规划》更注重生态环境保护与国家重大发展规划的结合。

与供给侧改革相结合。《"十三五"规划》从环境保护的角度提出供给侧改革的要求，一要强化环境硬约束推动淘汰落后和过剩产能，二要严格环保能耗要求促进企业加快升级改造，三要促进绿色制造和绿色产品生产供给，四要推动循环发展，五要推进节能环保产业发展。

与"一带一路"倡议相结合。《"十三五"规划》十次提及"一带一

生态文明建设与"十三五"生态环境保护政策研究

路",要求"推进'一带一路'绿色化建设"。对内,编制实施国内"一带一路"沿线区域生态环保规划,在沿线各省开展环境污染防治和生态修复。对外,加强与沿线国家的环境交流与对话,提升环境保护国际合作水平。

与城市群建设相结合。《"十三五"规划》提出"自2018年起,启动城市群生态环境保护空间规划研究",尤其突出以京津冀、长三角、珠三角为重点,开展大气、水、土壤污染治理,包括区域大气污染联防联控,地下水修复,河湖内源治理,挥发性有机物排放控制,海绵城市建设、"煤改气"工程建设,环境污染防治和生态修复技术应用试点,种植业和养殖业重点排放源氨防控研究与示范等,保障城市经济发展与良好的人居环境同行。

(三)其他重要的新提法

除了上述变化与特点,《"十三五"规划》还包括一些重要的新提法。第一,扩展了"节能环保产业发展"的内涵和外延。《"十二五"规划》提及环保产业主要在技术层面,致力于推进专业废弃物处理设备的市场化,而《"十三五"规划》则强调了环保产品、技术和服务的全面发展。第二,在《"十二五"规划》"推进环境金融产品创新"的基础上,《"十三五"规划》提出"建立绿色金融体系",要求加大绿色信贷,开发绿色指数产品,发行绿色债券,开展排污权、收费权、购买服务协议抵押等新的抵押授信以及设立绿色发展基金。第三,提出"编制自然资源资产负债表"和"实施领导干部自然资源资产离任审计"。自然资源核算通过对自然资源的估价和测算,将定性的资源环境保护问题定量化。它虽然不能直接解决环境问题,但却能为资源环境的利用和保护提供判别标准,也为环境官员的绩效考核提供依据。第四,提出"建立生态环境损害责任终身追究制",对领导干部离任后出现重大生态环境损害并认定其应承担责任的,实行终身追责。

1. 制度建设的需求点与着力点

在"生态环境总体改善"的总目标引领下，《"十三五"规划》从横、纵、深三大维度就如何实现这一目标给出了方向性指导。然而，要实现从切入点到目标的过渡还需要在两者之间架构起切实可行、行之有效的路径。需要通过具体制度的建设对目标进行分解、细化，并与实际对接。

制度建设的需求点在三大维度层面均有体现，包括在横向上如何建立、落实空间管控；在纵向上如何推动绿色科技创新，如何界定并更好地发挥政府、市场和社会的生态环境保护作用；在深度上如何使生态环境保护与国家发展战略相结合。三大维度上的制度需求各有不同，但又相互联系，既会相互牵制，又能相辅相成。

2. 空间管控需求点与着力点

空间管控的目标在于实现人口、经济、生态资源环境三者之间的空间均衡，要求在总体上定区划线，在区域内综合管理，有统有分，推进精细化管理。

定区。在一张蓝图的统筹下，以全国主体功能区划为基础，制定各区域差异化的生态环境管理目标；在生态功能区的基础上，确定各功能区首要生态环境保护目标；与此同时，从陆地到海洋，推进海洋主题功能区规划，优化海洋资源开发格局，实现海陆统筹。

划线。各空间管理区域以区内自然条件为基础，划定生态资源环境承载力上限、环境质量底线和生态保护红线，将定性的生态环境保护目标指标化、定量化、可视化。

综合管理。以产业准入负面清单为抓手，推行"多规合一"，形成财政政策、投资政策、产业政策、土地政策、农业政策、人口政策、民族政策、环境政策、应对气候变化政策和绩效考评政策"9+1"的政策体系。

3. 绿色科技创新需求点与着力点

推动绿色科技创新的基础在于营造良好的创新环境，从正向和负向两方面给予激励。负激励方面，制定和完善环境标准，通过弥补真空、提高标准、严格监管，淘汰落后产能、工艺和产品，增加污染物排放的成本，迫使排污单位增加对绿色科技的需求。正激励方面，增加对绿色科技创新的资源供给，通过人、财、物的统筹优化配置，让一切有利于绿色科技创新的资源充分涌流。要实施环境科研领军人才工程，加强环保高水平人才培养；要增加绿色科技财政投入，构建稳定增长绿色科技财政投入机制，并通过贴息政策、财政补偿政策与税收优惠政策等，充分发挥政府对绿色科技创新的引导和支持作用；要加强研究平台建设，建设重点实验室、工程技术中心、科学观测研究站、环保智库等科技创新平台，打造环保科技创新试验区、环保高新技术产业区、环保综合治理技术服务区、国际环保技术合作区、环保高水平人才培养教育区等科技园区；要实施水利污染控制与治理、大气污染成因与控制、脆弱生态修复和保护等重点生态环保科技专项。

4. 社会共治需求点与着力点

社会共治是多元主体在社会权力的基础上共同治理公共事务，通过集体行动实现公共利益的过程，其中社会共治主体的确认与职能划分，关系到社会共治制度的构建及其实效。因此，生态环境保护社会共治首先需要在政府外部，界定好政府、市场和社会在生态环境保护中的角色和作用；在政府内部，区分中央政府、各级地方政府以及各个政府部门之间在生态环境保护中的权力和责任。

要加快环境治理市场主体培育，深化资源环境价格改革，建立健全排污权交易制度，征收环境保护税，建立绿色金融体系，建立多元化生态保护补偿机制，充分发挥市场在生态环境资源配置中的决定性作用。

要开展环境保护督察，编制自然资源资产负债表，推行领导干部自然资源离任审计，建立生态环境损害责任终身追究制，加强中央政府对地方政府落实环境保护责任的监督。

要完善企业污染排放许可制度，建立企业环境信用评价和违法排污黑名单制度，健全生态环境损害评估和赔偿制度，完善行政执法和环境司法衔接机制，加强地方政府的生态环境保护监管，落实企业在生态环境保护中的主体责任。

要加强生态环境保护宣传教育，强化绿色消费意识，践行全民环保，并通过建立生态环境监测信息统一发布机制，强化信息公开，畅通反馈渠道，完善公益诉讼，推动全社会对生态环境保护进行监督。

要建立各部门在重点环境保护领域协作机制，建立区域流域联防联控，提升各部门之间以及地方政府之间的协作；要积极参与国际环境治理，通过项目合作、对话交流，加强生态环境保护国际合作。

5. 与国家重大发展规划结合需求点与着力点

生态文明建设与经济建设、政治建设、文化建设和社会建设"五位一体"，是现代化建设的重要组成部分。在国家重大发展规划制定和推进过程中，要将生态环境保护因素与其他四项因素一样，作为基础性因素纳入其中，以环境影响评价作为推行战略和规划的前提，以不破坏生态环境为底线，以生态环境质量改善为目标，推进"一带一路"绿色化建设，推动京津冀地区协同治理，推进城市群环境基础设施建设。

六、从《"十三五"生态环境保护规划》
看源头防控的五个创新[①]

2016 年底，国务院印发的《"十三五"生态环境保护规划》（以下简称《规划》），对"十三五"时期生态环境质量改善提供了路径规划，并提出具体要求。通过《规划》可以看出，"十三五"时期针对加强源头防控的五个方面创新：认识方面，由单一的生产源头防控转变为立体的生态源头防控；理念方面，由多种污染要素管控转变为整体生态空间管控；目标方面，由被动的节能降耗减排转为主动的绿色科技创新；路径方面，由需求驱动的源头防控转为供给驱动的全过程治理；政策方面，由地方辖区内环境管理转为区域共治的绿色协调发展。

环境质量改善是生态环境保护的根本目标，也是评判生态环境保护工作成效的最终标尺。如何提高环境质量，首要任务就是要突出源头防控。2016年 11 月 24 日，国务院印发并实施《规划》，从中我们可以看出针对加强源头防控有五个创新：新认识、新理念、新目标、新路径和新政策。

（一）新认识：由单一的生产源头防控转变为立体的生态源头防控

自环境保护成基本国策以来，源头防控就一直是环境管理工作的重点。

① 杜雯翠，江河. 从《"十三五"生态环境保护规划》看源头防控的五个创新 ［J］. 环境保护，2017（15）：50 - 53.

然而，这些工作主要围绕生产的源头防控展开。随着工业化与城镇化的深入推进，我国环境污染已经不再是以生产性污染为主，而是转为生产污染与生活污染并存的复合型污染。2000 年，全国工业废水排放量为 415.2 亿吨，其中工业废水排放占 46.77%，生活废水排放占 53.20%。2014 年，工业废水排放占比下降至 28.67%，生活废水排放占比上升至 71.25%。2000 年，全国二氧化硫排放量为 1995.1 万吨，其中工业二氧化硫排放占 48.75%，生活二氧化硫排放占 53.20%。2014 年，工业二氧化硫排放占比上升至 88.15%，而生活二氧化硫排放占比下降至 11.84%。就水污染物而言，工业污染占比逐年下降，生活污染占比逐年上升，生活是水污染的主要来源。就大气污染物而言，工业污染占比逐年上升，生活污染占比逐年下降，工业是大气污染的主要来源。可见，对于不同污染物，源头防控的对象也应有所不同，要采取有针对性的源头防控措施，才能从源头预防生态破坏和环境污染，要科学布局生产、生活和生态空间，扎实推进生态环境保护，最终形成立体的生态源头防控，实现生产、生活、生态的统筹空间管理。

首先，对于大气污染，应构建以生产源头防控为主的全过程治理机制，进一步提高能源使用效率，改善能源使用结构，加强污染治理。具体而言，要强化目标和任务的过程管理，深入推进钢铁、水泥等重污染行业过剩产能退出，从产业角度防控源头污染；要大力推进清洁能源使用，推进机动车和油品标准升级，加强油品等能源产品质量监管，从能源角度防控源头污染；要全面深化京津冀及周边地区、长三角、珠三角等区域大气污染联防联控，建立常态化区域协作机制，从跨域角度防控源头污染。

其次，对于水污染，应构建以生活源头防控为主的从水源到水龙头的全过程监管，推动形成绿色生产和生活方式。一方面，实施以控制单元为空间基础、以断面水质为管理目标、以排污许可制为核心的流域水环境质量目标管理体系，加强工业水污染的源头防控；另一方面，优先保护良好水体，推进地下水污染综合防治，大力整治城市黑臭水体，提升生活水污染源头防控水平和力度。

最后，对于土壤、重金属等环境污染，应加强风险管控，降低污染风险，防控源头污染。源头防控本质上就是风险管控，因为对于一些特殊污染物来说，污染与不污染的区别要远远大于污染多与污染少的区别。为此，《规划》提出，要加强建设用地环境风险管控，在2020年底前掌握重点行业企业用地中的污染地块分布及其环境风险情况，开展土壤环境问题集中区域风险排查，建立风险管控名录，从风险管控的角度防控土壤源头污染。

（二）新理念：由多种污染要素管控转变为整体生态空间管控

天蓝、水清、土净，这是人民群众对生活环境的朴素愿望。近年来，为了实现这些愿望，环保部门进一步强化环境规制，"水十条""气十条""土十条"这些被称为史上最严厉的环境规制从水等污染要素入手，对不同主体的污染排放和治理行为都提出了严格要求。不过尽管这些环境规制从不同角度对排污行为进行了规范，但还是有一些问题未能很好解决。无论是企业还是个人，只要是污染的排放者，都会采取看似综合性的排污行为，而规范排污行为的规制等在综合设计的匹配上还有不足，这未免会削弱规制力度。其实，无论是大气污染还是水污染、土壤污染，有一点是共通的，那就是空间。

空间是一种生产资料，环境污染是生产资料投入空间后产生的副产品，因此，未来的源头防控也理应从空间治理出发，这正是落实主体功能区规划、划定并严守生态保护红线、推动"多规合一"的初衷所在。

第一，落实主体功能区规划是框定空间用途，从空间使用的角度防控源头污染。《规划》明确指出，要强化主体功能区在国土空间开发保护中的基础作用，推动形成主体功能区布局。依据不同区域主体功能定位，制定差异化的生态环境目标、治理保护措施和考核评价要求。这就从空间利用的源头划定了不同区域的主体功能，杜绝了禁止开发区域、限制开发的重点生态功能区和农产品主产区等非优先开发区域的污染问题。

第二，划定并严守生态保护红线是细化空间边界，从空间界线的角度防控源头污染。《规划》明确指出，2017 年底前，京津冀区域、长江经济带沿线各省（市）划定生态保护红线；2018 年底前，其他省（区、市）划定生态保护红线；2020 年底前，全面完成全国生态保护红线划定、勘界定标，基本建立生态保护红线制度。生态保护红线的划定将从空间上构建结构完整、功能稳定的生态安全格局，依照生态系统完整性原则和主体功能区定位，优化国土空间开发格局，理顺保护与发展的关系。

第三，推动"多规合一"是综合空间管理工具，从政策组合的角度防控源头污染。《规划》明确指出，要以主体功能区规划为基础，规范完善生态环境空间管控、生态环境承载力调控、环境质量底线控制、战略环评与规划环评刚性约束等环境引导和管控要求，制定落实生态保护红线、环境质量底线、资源利用上线和环境准入负面清单的技术规范，强化"多规合一"的生态环境支持。积极推动建立国家空间规划体系，统筹各类空间规划，推进"多规合一"，从而充分调节了同一空间范围内的各种生产要素，包括资本、技术、环境等能降低要素消耗强度，优化要素空间布局，提高空间产出效率，改进资源配置方式。

（三）新目标：由被动的节能降耗减排转为主动的绿色科技创新

环境经济学中经典的"波特假说"认为，环境规制的加强可以有效促进企业生产效率的提高。从经济与环境的互动关系看，在解决环境问题的初期，环境规制的加强会最先作用于末端治理，这主要体现在企业被动的节能降耗减排行为上。然而，随着环境规制的强化，企业节能降耗减排空间的缩小，使末端治理的成本逐渐提高，这就迫使生产者不得不从污染源头入手，改进生产工艺、创新科学技术、提高生产效率、用生产技术升级推动环保技术改进，从而实现源头防治。可以说，企业积极开展源头防控才是环境规制的最终目的，也是衡量环境管理绩效的重要标准。《规划》对以实现源头防控为目的的绿色科技创新提出了新的要求、严的标准和高的期望。

首先，未来的源头防治是以生态环境创新体系推动的源头防控。具体而言，要立足我国生态环境保护的战略要求，加快构建国家生态环保科技创新体系；要重点建立以科学研究为先导的生态环保科技创新理论体系；要加强环保专业技术领军人才和青年拔尖人才培养，支持相关院校开展环保基础科学和应用科学研究。

其次，未来的源头防治是以环境标准和技术政策体系推动的源头防控。提高环境标准和环境技术是实施源头防治的根本手段，也是未来源头防治的主要途径。具体而言，要研究制定环境基准，严格执行污染物排放标准；加快机动车和非道路移动源污染物排放标准、燃油产品质量标准的制修订和实施。发布不同类型车辆的污染物排放限值及测量方法；完善环境保护技术政策。

最后，未来的源头防治是以绿色化与创新驱动的深度融合推动的源头防控。具体而言，要把绿色化作为国家实施创新驱动发展目标；要发展智能绿色制造技术，发展生态绿色、高效安全的现代农业技术；要发展资源节约循环利用的关键技术；要重点针对大气、水、土壤等问题，形成源头预防、末端治理和生态环境修复的成套技术。

（四）新路径：由需求驱动的源头防控转为供给驱动的全过程治理

我国宏观经济正在发生调控方式上的重大转变，就是从侧重于依靠需求管理，转而开始重视供给侧管理，生态环境保护也是供给侧改革的一个重要内容。为此，未来的源头防控也不再是由需求管理驱动，而是改为由供给管理驱动的全过程治理，这主要体现在如下三个方面：

首先，强化环境硬约束推动淘汰落后和过剩产能，从产业选择的源头防控污染。具体而言，要建立重污染产能退出和过剩产能化解机制，对长期超标排放的、无治理能力且无治理意愿的、达标无望的企业，依法予以关闭淘汰；要修订完善环境保护综合名录，推动淘汰高污染、高环境风险的工艺、设备与产品；要鼓励各地制定范围更宽、标准更高的落后产能淘汰政策；要调整优化产业结构，煤炭、钢铁、水泥、平板玻璃等产能过剩行业实行产能等量或减量置换。

其次，严格环保能耗要求促进企业加快升级改造，从污染产生的源头防控污染。在确定了哪些产业可以留下来以后，下一步就是促进企业的升级改造。环境影响评价、建设项目"三同时"建设等旨在从源头防控污染的规制和措施主要针对新设立的企业，对于一些已设立企业的影响并不大。然而，越是一些成立时间较早的企业，由于对原有生产工艺路径存在依赖，其绿色变革更为困难，是否放弃原有的生产工艺对于每个以利润最大化为目标的企业来说都是艰难的抉择，如钢铁、有色金属、化工、建材、轻工等传统制造业。为此，源头防控不仅要瞄准新设企业，还应当通过能耗总量和强度"双控"行动等更加严格的环保能耗要求，倒逼传统制造业企业加快环保升级改造。

最后，兼容并蓄地大力推进节能环保产业发展，保证源头防控的实现。源头防控是否能够顺利实施，还有一个关键影响因素，那就是环保产业发展。现有研究表明，环保产业发展能够提高不同产业的环境技术，改进生产工艺中的环保环节，降低资源和能源消耗强度，有效促进源头防控的效果。因此，源头防控实施得好不好，环保产业发展至关重要。具体而言，《规划》要求，推动低碳循环、治污减排、监测监控等核心环保技术工艺、成套产品、装备设备、材料药剂研发与产业化,尽快形成一批具有竞争力的主导技术和产品;鼓励发展节能环保技术咨询等专业化服务;大力发展环境服务业;鼓励社会资本投资环保企业,培育一批具有国际竞争力的大型节能环保企业与环保品牌。

(五)新政策:由地方辖区内环境管理转为区域共治的绿色协调发展

当前我国的环境管理机制是政府主导的统一管理与分层管理的结合,具有很强的属地特征,与环境污染问题的区域性特征相悖,从而造成区域间、部门间的协调不足,管理政策缺乏效率等问题,而这些问题都在很大程度上阻碍了源头防控的效用发挥。由于环境污染的区域性,使一个地区的污染源头可能正是另一个地区的污染末端。根据科斯定理,这种负外部性可以通过明晰产权解决,其中最重要的一种方法就是"合并",通过将地方辖区内环境管理转为区域共治的绿色协调发展,从而强化多地区的源头防控。

2014 年 12 月 11 日,中央经济工作会议指出,要重点实施"一带一路"倡议、京津冀协同发展战略、长江经济带发展战略。这三大区域经济带作为我国区域发展的重大任务,成为新的经济增长带,也成为区域环境治理的重点,《规划》也专门针对这三大区域的源头防控指明了路径。

1. 推进"一带一路"绿色化建设

"一带一路"倡议有利于化解我国过剩产能,促进互惠互利的资源配置。在这样的背景下,能否在"一带一路"倡议实施前做好环境保护规划,实施中做好落实环境保护措施,是决定"一带一路"倡议实施可持续性的关键所在,也是避免走"先污染后治理"老路的题中之意。

《规划》指出,要加强中俄、中哈以及中国-东盟、上海合作组织等现有多双边合作机制,积极开展澜沧江-湄公河环境合作,开展全方位、多渠道的对话交流活动,加强与沿线国家环境官员、学者、青年的交流和合作,开展生态环保公益活动，实施绿色丝路使者计划，分享中国生态文明、绿色发展理念与实践经验。还要推进"一带一路"沿线省（区、市）产业结构升级与创新升级，推动绿色产业链延伸；开展重点战略和关键项目环境评估，提高生态环境风险防范与应对能力；编制实施国内"一带一路"沿线区域生态环保规划。这些政策的制定和实施有助于将"一带一路"沿线区域的环境利益有效衔接起来，通过产业衔接和生态衔接，将环境问题置于区域决策框架之下，解决了地区之间由于环境利益不协调造成的源头污染问题，也从制度上保障了"一带一路"区域范围内的源头防控。

2. 推动京津冀地区协同保护

2016 年，全国 PM 2.5 平均浓度为 47 微克/立方米，平均优良天数比例为 78.8%。同年，京津冀区域 PM 2.5 平均浓度为 71 微克/立方米，平均优良天数比例为 56.8%。比较而言，京津冀地区的环境质量得到了改善，但与全国其他地区相比，京津冀无疑是全国大气污染的重灾区。一些研究将京津冀的环境问题归因于区域经济发展的不均衡，以及由此造成的资源环境承载力超载。近些年来，京津冀地区积极淘汰转移污染产业，但收效不大。其实，解决京津冀环境问题的根本在于源头，当一些欠发达地区还在为经济增长而努力时，难有动力治污减排，也没有能力改善环境质量。因此，京津冀环境问题的源头并不是单纯的某个污染源，而是环境要素空间配置与行政区划的冲突、不同地区发展阶段的冲突、不同地区人民群众经济与环境诉求的冲突。要想解决京津冀地区的环境问题，也必然要从源头入手。

《规划》指出，要以资源环境承载能力为基础，优化经济发展和生态环境功能布局，扩大环境容量与生态空间。强化区域环保协作，联合开展大气、河流、湖泊等污染治理，加强区域生态屏障建设。创新生态环境联动管理体制机制，建立健全区域生态保护补偿机制和跨区域排污权交易市场。可见，未来京津冀地区协同环保的关键词就是一体化，一体化的本质就是联合消费、联合生产、联合建设,通过将三个地区的效用函数和生产函数联合起来,通过利益共享和成本共摊的机制设计实现环保协同,从制度源头、生产源头、权责源头上解决污染问题,实现区域污染治理和环境质量改善的目标。

3. 推进长江经济带共抓大保护

改革开放以来,长江经济带承担起带动中国经济增长的历史重任。以2015 年为例,长江经济带沿线 11 个省(市)以不足全国 20% 的土地,创造了全国 44% 的 GDP,但同时也集聚了全国 43% 的废水和 35% 的二氧化硫。如此突出的环境问题主要源于长江经济带内部各地区冲动的发展愿景与不匹配的环境本底之间的矛盾。多年来,长江经济带沿线一直是全国经济较为发达的区域,但其内部各地区的发展也极不平衡。从经济总量看,长江上游 4 个省(市)经济总产值占长江流域的 22%,中游 3 个省份经济总产值占 24%,而下游 4 个省市创造了 54% 的经济总产值。在下游省市已经达到工业化后期阶段,开始转而关注环境质量的时候,上游省(市)的工业化还在发展之中,尚无暇顾及环境问题,这就为整个长江经济带的源头防控带来棘手问题。

《规划》明确提出,要把保护和修复长江生态环境摆在首要位置,推进长江经济带生态文明建设,建设水清地绿天蓝的绿色生态廊道。统筹水资源、水生态、水环境,推动上中下游协同发展、东中西部互动合作,加强跨部门、跨区域监管与应急协调联动,把实施重大生态修复工程作为推动长江经济带发展项目的优先选项,共抓大保护,不搞大开发。可见,未来长江经济带的生态建设是以整个长江经济带作为决策主体,以长江经济带沿线省市的共同环境利益作为决策依据,以长江上中下游省市的共同污染作为决策成本,这有助于合理利用区域发展需求,缓解重负区域的环境压力,遏制区域内部不同省市之间的污染源头问题,实现长江经济带内部经济均衡增长和环境污染联防共治。

《规划》为新时期的源头防控带来了新认识、树立了新理念、提供了新目标、指出了新路径、制定了新政策。"十三五"期间的源头防控是立体的生态源头防控,这一状态为源头防控框定了基调,划定了范围;是整体的生态空间管控,这一新理念为源头防控转变了定位,转换了视角;是由绿色科技创新驱动的,这一新动力为源头防控提供了新契机,提升了加速度;是供给驱动的全过程治理,这一新路径为源头防控创新了思路,创造了可能;区域共治的绿色协调发展,这一新政策为源头防治开拓了领域,开阔了视野。在源头防控新状态下,需要转变新理念,而新理念要求源头防治必须适应新政策,这就需要找到源头防治的新路径和新动力。可见,源头防治的"五个新"不是孤立存在的,而是互为因果、相互支撑的。只有清楚认识源头防治的新状态,才能转变源头防治新理念,找到源头防治新目标和新路径,从而制定出符合新状态和新理念的源头防控新政策。

七、从《"十三五"生态环境保护规划》 看环境监管的变化

2016年11月27日,国务院印发《"十三五"生态环境保护规划》,这是落实统筹推进"五位一体"总体布局和协调推进"四个全面"战略布局的重大举措,是以"创新、协调、绿色、开放、共享"五大发展理念指导生态环保领域的战略安排,更是对"十三五"和今后一段时期环境监管工作进

行顶层安排的工作指南。环境监管是改善环境质量、保障群众环境权益的守护神，在新形势下，顺应变化改革监管是提高环境质量、补齐"短板"的必然要求，规划中蕴含三个明显的转变要求，需要我们在实际工作中落实并深化。

（一）实现从环境管理转向环境治理的转变

"环境管理"到"环境治理"，一字之差，内涵却有着深刻变化。环境管理是指在环境容量允许的情况下，以环境科学理论为基础，运用行政、法律、经济、教育和科学技术手段，协调社会经济发展与环境保护之间的关系，使社会经济发展在满足人们物质和文化生活需要的同时，防止环境污染和维护生态平衡。环境治理是指政府、市场、企业、公众等社会多元主体，为解决各种既有或预期的环境问题，通过法律赋予的程序和途径对环境进行治理，从而维持人类社会的生存与可持续发展。环境管理存在着主体与客体的界分，即管理者与被管理者，环境治理则消除了这种主体与客体的区别。环境治理指向是协同治理，强调社会多元主体的共同管理。在这种模式下，尽管政府依然是环境公共管理功能和责任的承担者，但由于政府、社会组织、个人等不同行为主体间形成了一种有机合作关系，从而让更多行为主体以"管理者"的身份出现，共享环境利益，共担环境责任。

与环境管理相比，环境治理创新主要体现在如下三个方面：

1. 环境管理主体只是政府，而环境治理主体还包括市场、企业和社会

实现从环境管理向环境治理的转变，必须构建多元主体共治格局，突出政府、市场、企业和社会四个主体的治理作用。

（1）突出政府的环境治理作用。政府是最主要的环境治理主体，实行多元主体共治，需要政府切实转变角色，强化政府服务职能，发挥主导作用，将管理寓于服务之中，在管理中体现服务，在服务中实施管理。在这一过程

中，要注意厘清政府与社会的边界。政府主要承担环保机制设计、环境监察、提供环境基本公共服务等职能，大力减小微观环境管理，尽量下放环境管理的微观权限和职能，积极推进政府向社会组织转移职能，将政府的公共管理事项、服务事项、协调事项、技术事项等事务性环境管理服务，通过向社会组织委托经营、购买服务、补贴服务等方式来实施。具体而言，政府需要做的就是落实政府生态环境保护责任，改革生态环境保护体制机制，推进战略和规划环评，编制自然资源资产负债表，建立资源环境承载能力监测预警机制，实施生态文明绩效评价考核，开展环境保护督察，建立生态环境损害责任终身追究制。

（2）突出市场的环境治理作用。除行政手段外，经济手段一直是解决环境问题的重要抓手。在政府治理成本较高的情况下，市场总能出色地解决很多环境治理问题。市场运用价格、成本、利润、信贷、税收、收费、罚款等经济杠杆调节各方面的经济利益关系，规范排污个体的经济行为，以实现环境和经济协调发展。进一步发挥市场主体的环境治理作用，要建立健全排污权初始分配和交易制度，推行排污权交易制度，发挥财政税收政策引导作用，深化资源环境价格改革，加快环境治理市场主体培育，建立绿色金融体系，加快建立多元化生态保护补偿机制。

（3）突出企业的环境治理作用。企业是环境污染的主要贡献者，也理应成为环境治理的重要主体。作为以利润最大化为目标的经济主体，企业天生就不会过多考虑环境问题，因为环境污染的成本是外部化的。如何通过合理的机制设计，将企业外在环境诉求与内在利益诉求结合起来，引导企业平衡生产与环保的关系，促进产业升级和转型，是发挥企业环境治理主体作用的关键。鉴于此，应当建立覆盖所有固定污染源的企业排放许可制度，激励和约束企业主动落实环保责任，建立健全生态环境损害评估和赔偿制度。在经济上重罚、在法律上严惩、在社会上曝光，倒逼企业自觉发挥环境治理的主体作用，并逐渐从环境治理中获得更多的隐性收益，如声誉激励、品牌形象等。

（4）突出社会的环境治理作用。公众是最广泛、最直接、最敏感的环境利益相关者。随着人民生活水平的不断提高，对环境质量的关注和需求日益提升，公众参与环境治理的意愿和动力已经形成。要推进提高全社会生态环境保护意识，推动公众绿色消费理念，建设公开的环境信息平台，形成透明的环境治理机制，让环境治理在阳光下运行，才能调动起社会环境治理的积极性，发挥社会的治理主体作用。具体而言，要健全政府环境治理的信息公开制度，保障公众的环境知情权。要对生态保护的相关法律、政策的出台以及涉及环境治理的重大项目的规划、资金安排等实行听证制度，以鼓励和支持社会各阶层广泛参与环境治理，保障公众的环境参与权。要建立公众参与环境管理决策的有效渠道和合理机制，鼓励公众对政府环保工作、企业排污行为进行监督，保障公众的环境监督权。要发挥新闻媒体、行业协会、广大消费者等社会监督力量的作用，加强舆论监督，充分利用"12369"环保举报热线和环保微信举报平台，保障公众的环境表达权。

2. 环境管理权来自权力机关的授权，而环境治理权中相当一部分由人民直接行使

环境管理的管理主体单一，权力运行单向，使得法制框架内环境管理的行政行为缺少有效的监督与制衡。环境治理则强调依法性，法治是调节社会利益关系的基本方式，是社会公平正义的集中体现。在经济体制深刻变革、利益格局深刻变动、价值观念深刻变化的大背景下，通过法治来化解经济与环保之间的矛盾，解决温饱与环保之间的权衡，是转变经济增长方式的重要方式，也是改善环境治理的内在要求，更是环境保护不断走向制度化、规范化、实效化的基本保障。

3. 环境管理与环境治理的运作模式不同，需要兼容并包加强融合创新

环境管理的运作模式是单向的、强制的、刚性的，因而环境管理行为的合法性常常受到质疑，有效性难以保证；环境治理的运作模式是复合的、合作的、包容的，因而环境治理行为的合理性受到更多重视，其有效性大大增加。相比环境管理，环境治理的包容性更强，更能体现整体性、系统性、灵活性、协调性，是一种多元化、多角度的环境管理。

正是由于环境管理与环境治理的主体不同、权源不同、运作模式不同，环境管理有着更加浓重的政府色彩，缺乏协作、互动，环境治理真正体现了以人为本的民本思想和人文精神，反映出生态环境保护的公平、正义、和谐、有序，更强调公众利益性、协调性、参与性、化导性。环境治理强调公众利益性，不再是政府部门想干什么就干什么，而是干之前，得先问问公众的需求，听听公众的意见，想想公众的意愿，充分考虑各方利益，解决公众最基本、最广泛、最迫切的环境需求。环境治理强调协调性，讲求协作、协同，强调权力行使的复合化与权力关系的协调化，通过多元权力主体间的博弈与协同，使行政行为的合法性、合理性以及有效性得到充分保障。环境治理强调参与性，是多元的、合作的、上下协调的、方式多样化的治理模式，这种模式的典型特点是政府与公众对环境保护的合作管理。环境治理强调化导性，重视发挥教育、引导作用，将道德精神贯穿于环境治理的全过程，把法律评价与道德评价有机结合起来，融法理情于一体，通过法律和化导来鼓励各种绿色消费行为。

从环境管理转向环境治理，标志着环境治理模式的全面变革，即治理主体从依靠政府为主走向全社会共同参与，治理手段从依靠行政手段为主走向全面推进依法治理，治理内容从以"管"为主走向管理与服务的有机结合，治理目标从治标为主走向全过程治理、标本兼治。

要想实现由环境管理向环境治理的转变，要从以下三个环节入手：

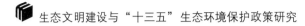

（1）转变思路理念。要从公共权力观、法治权力观、为民服务观出发，完善生态环境保护内部管理制度和运行机制。要管好"路灯"和"红绿灯"，对所有排污企业一视同仁，为企业照亮道路；要当好"警察"，对损害生态环境的违法违规行为严惩不贷。

（2）转变角色职能。在角色方面，应加快从"运动员兼裁判员"向"裁判员"转变，从企业监管转变为行业监管，从微观监管转变为宏观监管。在职能方面，加快工作重心转移，从普遍监管转变为重点监管，从事务监管转变为规则监管。

（3）转变方式手段。在方式上，将"放"和"管"两个轮子都做圆，"放"就是减少行政审批、事前审批，"管"就是由"直接管"转为"间接管"，由事前审批转为事后监管。在手段上，建立生态环境监测信息统一发布机制，全面推进大气、水、土壤、生态等环境信息公开，推进监管部门生态环境信息、排污单位环境信息以及建设项目环境影响评价信息公开；完善环境执法监督机制，推进联合执法、区域执法、交叉执法，强化执法监督和责任追究。

（二）推进环境监管能力提升向环境治理能力现代化转变

1. 提升环境监管能力

新常态下，搞好环境监管，就要确立与社会主义初级阶段基本国情相适应，与开放、动态、信息化社会环境相适应的环境监管原则、机制、手段和方法，确保环境监管更好地体现时代性，把握规律性，富有创造性，讲求实效性。

首先，提升环境监管能力，要加强顶层设计，科学实施监管。充分考虑政府、市场、企业、社会等环境治理主体的特点，发挥政府的主导作用、市场的配置作用、企业的主体作用、社会的监督作用，有步骤地协同推进环境放权与监管改革。凡是需要加强事中事后监管的，都应当明确监管任务、内容、标准等。健全分工合理、权责一致的职责体系，重新明确监管主体、职能、责任，并接受社会监督，做到监管有权、有据、有责、有效，避免出现监管过度或监管真空现象，搞好分类监管、协同监管和创新监管。

其次，提升环境监管能力，要完善监管体制，形成"大监管"合力。要建立跨部门、跨行业的综合监管和执法体系，把相关部门的监管事项和规则放到统一的监管平台上。要构建协同共治监管体系，强化行政部门监管，充分发挥监管部门的职能作用，广泛吸引公众参与监管，充分发挥社会组织作用，重视发挥媒体舆论监督作用。要推进企业环境信用体系建设，推进各部门、各方面信息互联共享，构建以环境信息公示为基础、环保信用监管为核心的监管制度。

再次，提升环境监管能力，要创新监管方式，提高监管效能。要实施阳光监管。凡是不涉及国家秘密和国家安全的，各级政府都要把简政放权后的监管事项、依据、内容、规制、标准公之于众，并对有关企业、社会组织信息披露的全面性、真实性、及时性进行监管。要推行智能监管。积极运用物联网、云计算、大数据等信息化手段创新和加强环境监管，全面开发和整合各种监管信息资源，加快中央部门之间、地方之间、上下之间信息资源共享、互联互通。要创新日常监管。建立"双随机"抽查制度，即随机抽查监管对象、随机指定抽查人员，既抽查公示信息情况，也抽查诚信守法状况。发现问题，提出整改意见，及时发出黄牌警告或出示红牌令其退出市场。

最后，提升环境监管能力，要加快修法立规，强化综合执法。运用法治思维和法治方式创新环境监管，应及时修改补充完善相关法律法规，为简政放权之后行使监管执法职能、规范行政监管和执法提供制度引领和保障。特别是要严格执法，加强环境立法、环境司法、环境执法，从硬从严，重拳出击，形成监管与执法合力，促进全社会遵纪守法，实现源头严防、过程严管、后果严惩。

2. 提高环境治理能力

在推进环境监管创新的同时，还需加快建立现代化监管型环保机构，切实提高环境治理水平，更好地推进环境治理能力现代化。近年来，国家高度重视环境保护和治理工作，我国的环境治理体系和治理能力也逐步得到了完善和提高。但是，我国生态环境治理体系和治理能力还存在与新形势、新任务、新要求不适应、不全面、不深化、不到位的问题。为尽快实现由环境监管能力提升向环境治理能力现代化的转变，主要从如下四个方面着手：

首先，坚持现代化的环境治理理念。现代化的环境治理理念是对我国传统环境治理理念的升华，是对国外环境治理理念精华部分的借鉴，更是植根于我国的历史传承、文化传统、经济社会发展水平的理念。只有坚持现代化的环境治理理念，才能在新常态下，从"先发展、后治理"转变到"边发展、边治理"，再到"先保护、再发展"的政策理念上来，坚持可持续发展战略、科学发展观和建设生态文明的理念，形成正确的政策导向，推进我国环境治理能力和治理体系的现代化进程。

其次，完善现代化的环境治理体系。只有实行最严格的制度、最严密的法治，才能为生态文明建设提供可靠保障。环境治理制度体系是环境治理现代化体系和环境治理现代化能力的核心要素和重要组成部分，决定着我国的现代化治理理念是否能有效贯彻执行，也决定着国家环境治理的方向和质量。因此，坚持和完善环境治理制度体系是推进我国环境治理现代化的重要环节。

再次，应用现代化的环境治理工具。现代化环境治理工具的使用，不仅能降低环境治理成本，还能提高环境治理精度。要加强生态环境监测网络建设，统一规划、优化环境质量监测点位，实现生态环境监测信息集成共享，建立天地一体化的生态遥感监测系统，实现环境卫星组网运行，加强无人机遥感监测和地面生态监测。要加强生态环保信息系统建设，梳理污染物排放数据，逐步实现数据的整合和归真，建立典型生态区基础数据库和信息管理系统，建设和完善全国统一、覆盖全面的实时在线环境监测监控系统，加快生态环境大数据平台建设。

最后，建设现代化的环境治理队伍。环境治理队伍的素质能力是影响环境治理现代化建设成效的重要因素，为此，应着力提高各级环保人员的素质能力，特别是提高责任意识、担当精神、专业能力，使他们能够敏锐识别并发现问题、敢于揭露并解决问题。既不能包揽过多、胡乱作为，也不能撒手不管、懒惰不为。还要进一步完善环境监管执法人员选拔、培训、考核等制度，充实一线执法队伍，保障执法装备，加强现场执法取证能力，加强环境监管执法队伍职业化建设。同时，建立对监管者的监督、评估机制，落实生态环境保护"党政同责""一岗双责"，以环保督察巡视、编制自然资源资产负债表、领导干部自然资源资产离任审计、生态环境损害责任追究等手段强化环境治理队伍的现代化建设。

（三）推进环境监管方式向综合监管转变

监管之所以存在，而且作为一种"必要的恶"成为有效市场的要件，其背后主要的缘由就是市场失灵。由于信息不对称、竞争不充分、外部性等原因，市场存在失灵的地方，由此就带来如何补救的问题。相应地，政府之手就有了存在的必要，其中的必要之一就是监管。从本源而言，监管就是源自政府对于市场失灵的纠正，目的只是保证和提高市场效率。本着补救的初心，就不难理解环境监管的选择性行为。环境监管就是对现存环境问题进行监督和管理，同时要对潜在的环境问题进行调控与管理，当环境被破坏时执法机关要依据相应法律法规予以裁判，被调控对象是对环境有破坏行为的企业和其他主体。

我国环境监管的法律法规体系是由环境法律法规、环境政策、环境标准、环境管理制度、国际公约等方面构成的体系。经过几十年的持续改革，已经形成了中央统一管理和地方分级管理、部门分工管理相结合的环境管理体制。一方面，环境影响评价制度、总量控制制度、三同时制度、排污许可证制度、环境保护目标责任制度、城市环境综合定量考核制度、"关停并转"制度、排污费制度和排污权交易制度等一系列制度的制定、实施与发展，在不同时期解决了我国环境保护的阶段性和综合性问题，使我国的环境监管模式更为切实有效。然而，监管必然产生成本，成本势必导致权衡，权衡就会出现管还是不管，多管还是少管，用什么监管，监管力度如何拿捏等一系列问题，结果往往是"监管过度"与"监管不足"并存。另一方面，即深化改革环境监管行政体系，2016年9月之前，我国环境监管行政体系既有上、下级领导，又有同级领导，环保部直接领导六大环境督查机构，而各级地方政府同时领导各级环保局等机构并负责其财政、人事等各项事务。这种以块为主的地方环保管理体制，导致一些地方重发展轻环保、干预环境监测监察执法，环保责任难以落实，有法不依、执法不严、违法不究等现象大量存在。2016年9月，中共中央办公厅、国务院办公厅印发了《关于省以下环保机构监测监察执法垂直管理制度改革试点工作的指导意见》，这一重大的改革举措从改革环境治理基础制度入手，解决制约环境保护的体制机制障碍，标本兼治地加大综合治理力度，推动环境质量改善。

尽管如此，我国环境监管仍然存在诸多困境。一是环保部门面临的监管困境。环保法律赋予环保部门监督管理、项目审批、排污收费、行政处罚和现场检查等权力，却未赋予环保部门限期治理、责令停业整顿、现场查封、冻结扣押、没收违法排污所得等强制执行权力，导致环保部门对一些严重违法行为难以强制执行，影响了环境监管的质量和效率。二是地方政府面临的监管困境。随着生态文明建设目标指标被纳入党政领导干部评价考核体系和环保机构垂直管理改革，地方政府唯 GDP 论英雄的时代即将过去。然而，许多欠发达地区的地方政府仍然面临着财力不足的问题。我国从 1994 年开始采取了分税制改革，分税制改革背景下，地方政府的收入相对减少，而需要承担的公共职责越来越多。根据统计，地方政府支出约占全国支出的70%，收入却只有约50%，许多财政收入较少的地方政府没有足够的财力来完成环境保护职责。三是企业面临的监管困境。我国部分污染物排放量超过了区域环境承载能力，而征收排污费标准却低于治理污染费用，对于企业来说，超标排放罚款远远低于治理污染费用，违法成本低于守法成本，这显然违背激励约束机制，失去了经济杠杆的调节作用。四是公众面临的监管困境。公众是环境共治的重要力量，具有不可替代的作用。然而现状是，我国公众参与环境监管的程度尚待提高，效率低下的环境监管参与过程会使大部分公众放弃这种既费时又费力的行为，挫伤公众参与的积极性。

如何解决环保部门、地方政府、企业和公众面临的环境监管困境，处理好宏观监管与微观监管之间的协调性，建立与中国环境保护实际相适应的、被广泛接受的环境监管框架，提高环境监管实施效率，可从如下四个方面着手：

第一，多措并举，实现由单一监管向综合监管的转变。新常态下的企业环保行为是复杂化的，违法动机是多元化的，这就要求环境监管工具的精准性和高效性。然而，并没有一种环境监管手段是放之四海而皆准的。注册制、备案制、负面清单、环境诚信体系等，这些监管手段都各有所长，又各有所短。要想从根本上解决现有环境问题，而又不带来新的环境问题，需要多措并举，多角度、多层面、多阶段保证环境管理法治化、市场准入清单化、环境标准国际化。要加强环境管理法制化，完善法律规范体系，及时修订法规、规章和规范性文件，避免出现监管真空，规范市场活动中的"灰色地带"。要加强市场准入清单化，持续推进环境标准化试点工作，全面提升环境管理和服务水平。探索建立标准化管理与环境市场准入、退出相结合的制度。要实现环境标准国际化，全面推进环保国家标准、行业标准和地方标准的制定修订工作，建立涵盖各要素各领域的环境标准体系。加快环境服务标准的制定，使标准化工作既适应环境监管的新要求，又考虑到环境监管的国际标准。

第二，多管齐下，实现由事后监管向全过程监管的转变。在利益阶层高度分化、社会结构日益复杂的现代社会，不能寄希望于命令－控制型的刚性监管方式，也不能寄希望于某种单一的监管方式，来解决环境监管的所有问题。排污主体的经济组织形态各异，不同环境违法行为的动机不同、成因不同、表现形式不同，这就决定了现代的环境监管应使用"组合拳"，而非"单打一"。需要综合运用事前监管工具、事中监管工具和事后监管工具，综合运用命令—控制型监管工具和激励性监管工具，来实现环境监管的终极目标。在事前监管中，应加强环境保护审批制度，严把环保关，防患于未然。在事中监管中，应完善提醒、约谈、告诫等监管手段，通过构建相应的执法警示制度，对有潜在违法可能的排污主体给予预警提示，对有轻微违法行为的排污主体予以告诫规劝。通过合作式监管，减少监管成本，提高监管实效，及时化解市场风险。在事后监管中，一方面应加强相关部门间的执法协作，建立环境执法机构与公安机关案情通报机制，及时查处环境违法犯罪行为；另一方面应加快建立环境失信惩戒制度，建立环境信用信息公示制度，将企业环境不良信息记录与企业信用信息公示系统对接，定期公布环境违法违规企业的信息记录，使企业的环境绩效与债务融资和股权融资等财务因素、产品形象等生产因素相挂钩，增加企业的环境违法违规成本，提高企业环境守法守规收益。

第三，深化垂直管理，实现由组织变革向内在变革的转变。环保机构的垂直管理不仅有助于监管机构摆脱地方政府利益动机的干扰，解决地方保护主义对环境执法的干预，强化中央政令的执行，真正实现环境保护的独立化监管；还有助于统筹解决跨区域、跨流域的环境问题，为解决污染物的跨境污染问题创造机制条件。不过，目前的垂直管理改革还只是迈出了改革的第一步。监管格局变革后在机构和职能两个层面的深入改革才是从根本上化解环境机制体制难题的关键所在，各级环保部门的监管职责如何划分，监管体制改革在组织框架层面如何落地，这些问题都接踵而至。彻底的垂直管理改革不仅是架构的改革、人员的改革，更是意识的改革、理念的改革。如果说架构的改革是环境监管体制改革的"标"，那么伴随着架构改革而生的生态文明建设目标评价考核，才是环境监管体制改革的"本"，前者是仪式感的庄重，后者则是深层次的颠覆。因此，环境监管体制改革任重道远，在组织架构变革之后，如何理顺关系，健全条块结合、权责分明的内部管理体制，形成有效激励约束机制，保障跨区域监管的制度和资源支持，提高监管有效性，这些才是改革的真正内核。

第四，创新监管手段，实现由传统监管向智能监管的转变。近年来，物联网和大数据等现代信息技术被广泛应用于环保领域，这些创新监管手段以成本低、速度快、精度高的特点解决了传统监管手段所不能解决的问题，极大地推动了环境保护"智慧化"。一方面，物联网技术实现了对水、大气、噪声、土壤、生态等环境要素，特别是对核与辐射、危废、医废等危险源的全方位监测。这种全面有效的监管"更快速"感知影响城市环境、人体健康、生命安全的实时指标，"更全面"感知污染排放、环境污染、应急事故的变化过程，"更有效"判定环境监察执法与应急处置工作的执行状态与效果，"更智慧"辅助决策来解决重点城市、区域和流域重大环境管理问题。另一方面，伴随大数据渗透到生态环境保护工作，特别是以提高生态环境质量为核心的工作链的各个环节，生态环境大数据凭借其特有的数据体量大、结构类型多、价值密度低、处理速度快等特点，整合来自不同主体的客观数据和主观数据，将环境保护的各个利益攸关者紧密联系起来，打造不同主体之间信息共享、行为协同、监督互促的数据平台。在这个生态环境大数据平台上，政府能够全面、准确、快速地掌握关于生态环境的具体数据；企业能够被动、透明、及时地将生产和污染的相关信息上传至大数据平台，在法治和指标的牵引下，奖惩得当，实现绿色发展；公众能够积极、主动、科学地将自己对环境的评价和诉求反映出来，通过大数据平台呈现在决策者面前。

八、从"十三五"环保规划看环保产业的"十个转变"①

"十三五"时期是全面建成小康社会的决胜阶段，将为提升人民生活品质、推动经济转型升级开辟新的空间，生态环境保护为环保产业发展提供了前所未有的大好机遇。文章对我国环保产业现有优势和存在的问题进行了分析，认为在《"十三五"生态环境保护规划》等政策驱动下，环保产业将迎来资本模式、发展业态、动力渠道等十个方面的转变。

环保问题就是民生问题，发展经济不能牺牲生态。中央"高规格"聚焦环保问题，"高密度"出台政策文件，无不体现了党中央对生态问题的高度重视。中央深改组会议多次召开会议研究环境保护议题，为推进生态文明领域改革和深化生态环境保护提供了详细的顶层设计方案。"十三五"时期是

---

① 武艺，杜雯翠，江河. 从"十三五"环保规划看环保产业的"十个转变"[J]. 环境保护，2017（8）：57-62.

全面建成小康社会的决胜阶段，将为提升人民生活品质、助力经济转型升级开辟新的空间，生态环境保护为环保产业发展提供了前所未有的大好机遇，环保产业将在产业发展的新政策下，面临多层次的新需求，完善资本化的新模式，铺设双驱动的新渠道，激活系统化的新活力，开创市场化的新机制，完善供应链的新体系，改革高水平的新技术，最终形成大而精的新业态。

（一）新模式：由政府提供为主的传统模式转变为以政府和社会资本合作的资本化模式

我国环保产业的发展与政府、企业日益增长的环保投资密切相关。近年来，我国环保投资总额呈逐年增加之势，从 2001 年的 1106.7 亿元增加至 2015 年的 8806.3 亿元，环保投资所占比重相应地由 2001 年的 1.14% 提高至 2015 年的 1.3%，逐年增加的环保投资为消除污染存量、降低污染增量提供了有效的资金支持。大规模开展环境污染治理催生出大量的资金需求，给环保技术装备、咨询服务等创造出了巨大市场需求。但与此同时，我们也看到了环保投资结构的不合理，以及由此折射出的环保产业提供模式不健全。2001 年，城市环境基础设施建设投资 595.8 亿元，工业污染源治理投资 174.5 亿元，建设项目"三同时"环保投资 336.4 亿元，分别占全部环保投资的 53.8%、15.8% 和 30.4%；2015 年，城市环境基础设施建设投资为 4946.8 亿元，工业污染源治理投资为 773.7 亿元，建设项目"三同时"环保投资为 3085.8 亿元，分别占全部环保投资的 56.2%、8.8% 和 35.0%。从环保投资资金来源看，城市环境基础设施建设投资完全来源于政府投资，建设项目"三同时"投资完全来源于企业投资，工业污染源治理投资则一部分来自政府补贴，一部分来自企业自筹。可见，我国环保投资的主体仍然是以政府为主的环境基础设施建设投资，这一方面反映出我国各级政府在逐年加大环保投资力度，另一方面也反映出我国环保投资的结构性缺陷。作为产生

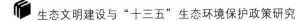

环境污染的主体，企业的环保投资积极性并没有被有效激活，也没能承担起环保投资的主体责任，这既不利于社会资源在环境保护领域的充分利用，也不利于环保投资使用效率的提高，还会挤出社会投资和环保需求。

随着公众对环境质量的要求逐渐提高，环保投资需求也将日益增加，我国"十三五"期间的环保投资需求将达17万亿元。如何筹集数额如此巨大的投资，这些投资又将如何促进环保产业发展？《"十三五"生态环境保护规划》（以下简称《规划》）提出，要加大财政资金投入，优化创新环保专项资金使用方式，加大对环境污染第三方治理、政府和社会资本合作模式的支持力度；要拓宽资金筹措渠道，积极推行政府和社会资本合作，探索以资源开发项目、资源综合利用等收益弥补污染防治项目投入和社会资本回报，吸引社会资本参与准公益性和公益性环境保护项目。可见，"十三五"期间的环保投资不仅来源于政府财政的投入，还将更多地来源于社会资本的投入。出于逐利性，社会资本对环保投资回报率的要求更高，对环保投资稳定性的要求更严，对环保投资方向性的要求更准。在这样的背景下，环保产业的发展将从粗放式的初级发展模式转变为精细化的成熟发展模式，从以公益性为主的单一发展模式转变为兼顾公益与效率的复合发展模式，从政府提供为主的传统模式转变为以政府和社会资本合作的资本化模式。

（二）新业态：由小而多的行业发展业态转变为大而精的行业发展业态

据统计，全球最大的50家环保企业，其产值达865亿美元，占全球环保市场份额的20%。与此相比，我国环保产业呈现出集中度不高、专业化体系不清晰、产业链不完整顺畅等问题。企业规模小而且分散，固定资产超过1500万元的小型企业占全国环保企业比重85%以上，大型环保企业数量只占不足5%，造成产业对资本、资金、技术及人力资源吸引力不足，产业收敛度不高、聚集性不强，中小企业在较低的水平上重复建设、徘徊，难以形成规模效益。同时，由于环保企业的技术水平参差不齐，技术同质化倾向严重，高附加值产品产出较少。此外，近几年来行业内部恶性竞争不时出现，单价超低中标引起市场一片哗然，不仅扰乱了正常市场秩序，损害了行业的健康发展，还损害了企业自身的财务可持续性，最终导致产业整体发展速度放缓。

较低的产业集中度不仅造成环保产业的资源浪费和重复建设，不利于环保产业规模经济的实现，也不利于具有国际竞争力的环保企业的产生和发展。为此，如何构建有序的行业规范，淘汰缺乏竞争力、技术水平不高、扰乱市场秩序的低水平环保企业成为"十三五"期间环保产业发展面临的首要问题之一。《规划》提出，要鼓励社会资本投资环保企业，培育一批具有国际竞争力的大型节能环保企业与环保品牌；推动低碳循环、治污减排、监测监控等核心环保技术工艺、成套产品、装备设备、材料药剂研发与产业化，尽快形成一批具有竞争力的主导技术和产品。可见，"十三五"期间环保产业发展将由以往小而多的发展业态转变为大而精的发展业态，整合政府、市场、社会资源，集中力量办大事，集中资源发展大型节能环保企业，通过兼并重组等方式，适当提高环保产业的集中度，勾勒出更加合理的环保产业结构图，以优质的环保产业结构带动科学的环保企业行为，最终获得高效的环保企业绩效。

（三）新渠道：由绿色生产驱动的单动力渠道转变为绿色生产与绿色消费双驱动的动力渠道

环保产业之所以发展起来，最初就是为了解决生产过程中带来的环境污染问题，环保产业每一次变革都与绿色生产密不可分，从污染的末端治理到源头防治，从污染的治理技术到预防技术，无论是环保设备还是环境服务，现有环保产业主要是围绕生产环节产生，并由绿色生产驱动而发展起来。

然而近些年来,环保产业的动力渠道发生了转变,产业需求已经不仅仅受到绿色生产的驱动,而是开始与消费领域紧密联系起来,受到绿色生产与绿色消费的双驱动。据有关资料表明,80%的德国人在购物时会考虑环保问题,77%的美国消费者表示企业的环保形象会影响购买意向,66%的英国人愿意支付更高的价格购买绿色产品。目前,我国市场上的商品包装纷纷开始标注"可回收利用""对臭氧层无害"等字样,企业纷纷打起"绿色牌",更多的中小企业采取各种措施努力强化自己的绿色形象,以谋求飞跃发展。由此可见,因消费者对绿色产品的青睐,已敦促企业从生产至流通,再到消费的社会再生产各个环节越来越以"绿色"为追求目标,这也从消费的角度催生出更多的环保需求,推动环保产业的发展。

《规划》提出,要推动绿色消费,强化绿色消费意识,提高公众环境行为自律意识,加快衣食住行向绿色消费转变。具体讲,要实施全民节能行动计划,实行居民水、电、气阶梯价格制度,推广节水、节能用品和绿色环保家具、建材等;实施绿色建筑行动计划,完善绿色建筑标准及认证体系;强化政府绿色采购制度,制定绿色产品采购目录;鼓励绿色出行,完善城市公共交通服务体系。可见,"十三五"对绿色消费提出了更高的要求和需求,不仅从需求的角度倡导绿色消费,还从供给的角度保障绿色消费,为环保产业发展添加了新动力。绿色生产对环保产业的驱动力取决于政府的环境规制和企业的环保投资,这从根本上看还是企业迫于环境压力的被动行为;绿色消费对环保产业的驱动则取决于消费者对绿色产品的需求,这将是企业主动参与环保的良好驱动。绿色生产对环保产业驱动原理是将污染成本内化于企业的成本函数;绿色消费对环保产业的驱动则是将绿色收益内化于企业的利润函数。因此,绿色生产和绿色消费双驱动不仅能够重新定义污染企业的目标函数,还能有效拓展环保产业的需求,变被动需求为主动需求,变无奈之举为乐意而为。

（四）新供给：由以环保装备业为主的传统供给结构转变为以环保服务业为主的新供给结构

环保产业主要由装备业和服务业两个方面组成，服务是环保产业的重要组成部分，其发展状况标志着一个国家环境保护整体水平，也在一定程度上反映了环保产业市场的发展程度。随着经济全球化的推进，环境服务业不断向深度和广度推进。当前，发达国家环保装备市场已接近饱和，在某些产品上供大于求，环境服务业的市场份额达到70%，成熟市场的特征日益明显。与此相反，我国在环保产业发展初期，主要是以水、大气污染治理设备等环保装备业为主，环境服务业相对落后，设施运营、环境信息等服务才刚起步，环境责任保险等还未起步，环境监测、环境影响评价等属于政府行政或事业职能，还需要向市场化的服务业转化。可以说，环境服务业的规模和在环保产业中的比重与发达国家相比偏小，不能满足环保工作的需求。

《规划》提出，要鼓励发展节能环保技术咨询、系统设计、设备制造、工程施工、运营管理等专业化服务。大力发展环境服务业，推进形成合同能源管理、合同节水管理、第三方监测、环境污染第三方治理及环境保护政府和社会资本合作等服务市场，开展小城镇、园区环境综合治理托管服务试点。可见，"十三五"期间，我国环保产业将从以环保装备业为主的传统供给结构转变为以环保服务业为主的现代供给结构。在国家鼓励发展第三方治理，环境污染治理设施运营社会化、市场化、专业化步伐进一步加快的背景下，环境服务业将逐渐呈现出更好的发展态势，对环保产业发展的引领作用也将得到进一步显现。尤其是环保技术咨询和环境监测领域，随着事业单位和科研院所深化改革的推进，一些依附于政府部门的事业单位，以及高校院所等科研单位所属的改制公司，将更加出色地解决生产企业在产业环保化道路上的困惑。2015年，全国环保装备业销售收入达4700亿元，占环保产业总销售收入的49%，环境服务业销售收入达4900亿元，占51%，环境服务业比重首次超过环保装备业，成为产业主体。环保产业结构优化的态势已然呈现，随着政府采购服务在环保领域的深层次推进，环境服务业对环保产业发展的引领作用还将继续纵深跃进。

（五）新活力：由环保产业自身发展的单一活力转变为环保产业与其他行业深度融合的系统活力

从环保产业的发展历程看，无论是污染治理还是环境修复，抑或是环境建设，环保产业的产生和发展从来都不是孤立的，而是随着其他行业对环境保护的需求而催生出来的。同时，环保产业的发展也会进一步推动其他行业绿色化与集约化发展。然而，迄今为止，环保产业与其他行业的关联程度并不对称：一方面，其他行业对环保产业的带动程度已经奏效，尤其是石油及核燃料加工业、电子计算机制造业、金融业、汽车制造业等行业对环保产业的推动作用十分显著；另一方面，环保产业对其他行业的带动程度却并不明显，只能略微带动化学工业、金属冶炼和压延加工业、金融业等行业发展。如果说前者是其他行业的环保需求推动着环保产业发展，那么后者则反映了环保产业与其他行业深度融合，是环境保护与发展生产力紧密结合，只有当环保产业能够进一步推动其他行业发展，并且与其他行业实现深度融合之时，才是环保产业实现可持续发展之日。

《规划》提出，要把绿色化作为国家实施创新驱动发展战略、经济转型发展的重要基点，推进绿色化与制造业、现代农业等各领域新兴技术深度融合发展。如污泥处理与有机农业的融合、河道治理与生态景观的融合等。可见，"十三五"期间，环保产业的发展还将为其他新兴产业发展带来机遇。环保产业的发展将与现代农业深度融合，推进节水农业、循环农业等技术研发，促进农业提质增效和可持续发展；环保产业的发展将与现代制造业深度融合，发展智能绿色制造技术，推动制造业向价值链高端攀升；环保产业的发展将与现代能源深度融合，发展资源节约循环利用的关键技术，建立城镇生活垃圾资源化利用、再生资源回收利用等技术体系。以环保产业与其他行业的深度融合促进环保产业与其他行业的发展，在商业中实现多个行业的良性互动，为环保产业的发展提供系统活力。

（六）新机制：由规制倒逼的产业发展机制转变为市场驱动的产业发展机制

环保产业的发展与环境规制的强化密不可分，环保法律法规、环境保护目标、指标及污染防治和生态保护的重点方向决定着环保产业的发展态势；环保技术政策及各类环保标准，框定了污染防治技术要求及污染物控制种类和控制水平，直接决定了环保产业技术需求方向和水平；环境监管也直接影响着环保市场的实际需求。我国环保事业发展40多年来，环境立法逐渐完善，环境执法逐渐加强。以2014年为例，全国共颁布地方性法规31件，地方政府规章27件，承办人大建议9091件，承办政协提案12145件。这些法律、规定的制定无不倒逼环保产业发展：一方面，环境规制下，污染企业必须进行治污减排，增加环保投资，购买环保设备或服务，进而拉动环保产业市场需求；另一方面，在越来越严格的环境规制下，污染企业必须采取更先进的环保设备与服务，进而激励环保技术创新。然而，尽管环境规制能够倒逼环保产业发展，但这种作用机制并不是直接的，而是间接的。环境规制对环保产业的倒逼作用必须通过改变排污企业行为来实现，要求排污企业在环境规制的作用下真正能够治污减排，而不是偷排漏排，这就对环境规制的作用效果提出了更高要求。

环境规制倒逼环保产业发展，其作用过程过长、作用条件过严，而市场机制的作用更加直接、迅速、有力。以绿色信贷政策为例，2007年7月至

2016年6月，21家银行业金融机构绿色信贷余额达到7.26万亿元，占各项贷款总额的9%。其中，节能环保项目和服务贷款余额5.57万亿元。这些节能环保项目和服务贷款为环保产业融资提供了更加便利的条件和低廉的成本，解决了中小型环保企业"融资难、融资贵"的问题，从资金上大力支持了环保产业发展。除此之外，排污权交易、绿色金融等一系列市场机制对环保产业的影响都是不容忽视的。《规划》提出，要鼓励各类金融机构加大绿色信贷发放力度，鼓励银行和企业发行绿色债券，鼓励对绿色信贷资产实行证券化，支持设立市场化运作的各类绿色发展基金。这是对以绿色金融政策为核心的，旨在对促进环保产业发展的市场化手段的肯定与推广，也标志着环保产业发展机制将由规制倒逼的产业发展机制转变为市场驱动的产业发展机制。

（七）新政策：由环境管理下的环保产业发展政策转变为环境治理下的环保产业发展政策

迄今为止，环保产业在相关统计工作中的描述发生了一次转变。2007年，在《中国投入产出表》中，与环境保护相关的行业被列为"环境管理业"。2012年，在《中国投入产出表》中，"环境管理业"被删除，转而用"生态保护和环境治理"来反映与环境保护相关的经济活动。由统计名称的变化可以看出，我国环保产业已经由传统的环境管理概念上升为环境治理概念。

环保产业发展的政策背景也由过去的环境管理转变为环境治理。从"管理"到"治理"，一字之差，内涵却发生深刻变化。首先，环境管理的主体只是政府，而环境治理则是构建多元主体共治格局，突出政府、市场、企业和社会四个主体的治理作用。因此，以往环保产业发展主要受环境规制等政府决策和政策的影响，这些环境管理类的政策和规定实施的强制力较大，但往往存在一定的不稳定性。这种不稳定性既反映在环境管理措施实施时点的把握上，还反映在实施对象的筛选上。由于环境管理主要依赖于非市场化的行政手段，因此在政策制定和实施的过程中都存在一定时滞。正因如此，以往环境管理政策对环保产业的影响存在一定随机性，国家或地方某个环境管理政策的实施可能会在短时间内催生大量的环保产业需求，促进环保产业的爆发式发展，这种影响十分迅速、有力，但也是不连续、不持久的。今后，环保产业的发展还将受到市场机制、企业行为和社会舆论等多个主体行为选择的影响，这种影响将是连续的、全面的、多维的。正因如此，未来的环保产业应该是在以市场化为核心的环境治理政策背景下不断发展的，这需要环保产业转变思维，从需求角度出发，分析市场需求和社会需求，更多地满足市场、企业、社会等多个环境治理主体的环保需求。

环境管理的管理主体单一，权力运行单向，使法制框架内环境管理的行政行为缺少有效的监督与制衡，环境治理则强调依法性，法治是调节社会利益关系的基本方式，是社会公平正义的集中体现。在环境管理政策实施的过程中，可能存在选择性执法等问题。由于政企合谋等现象的存在，使环境管理政策在实施的过程中可能会由于实施对象的不同而力度不同，造成环境执法的偏颇，既不利于环境执法的全面性和彻底性，也不利于环境管理威慑力的形成。这也使环保产业的作用受到限制，并没有发挥理论上的最大效力。今后的环保产业将在环境治理的背景下发展，环境法治的加强将使排污企业在环境治理面前更加公正、平等，更大限度地促进环保产业发展。实证研究表明，环境法治水平每提高 1 个百分点，就会拉动 10.1% 的环保投资总额增长，13.1% 的工业污染源治理投资增长和 32.9% 的建设项目"三同时"环保投资增长。可见，环境治理为环保产业发展创造了更好的条件，带来更大的机遇。

（八）新体系：由修补式的单一产业体系转变为绿色供应链的整体产业体系

绿色供应链，也叫可持续供应链，是一种充分发挥市场机制作用的环境管理措施，就是要从产品设计、原材料、生产采购消费和回收利用的全生命周期出发，以降低不利环境影响为目的，通过采取环境经济政策和市场调控手段，以政府企业绿色采购和公众绿色消费为引导，带动产业链的上下游积极采取节能环保措施，大力降低污染排放和环境影响。《规划》提出，发展绿色环保产业是实现总体目标的重要技术支撑，要扩大环保产品和服务供给，加快构建绿色供应链产业体系，这标志着我国环保产业的发展将由修补式的单一产业体系转变为绿色供应链的整体产业体系。

绿色供应链主要是通过利用市场力量扼住企业命脉，特别是当下游大企业启动和开展绿色供应链管理后，上游的小企业如果有违法污染环境的行为，不仅要面临监管部门的处罚，还可能会失去市场份额，甚至直接被市场淘汰，这有利于解决违法成本低的问题。在实际工作中，小企业常常是处于环境违法的模糊地带，实施监管处罚带来的成本太高。小企业对于采购商的敬畏程度往往高于政府和环保部门。因此，绿色供应链将推动落实绿色发展理念，提高绿色产品的有效供给，实现供给侧生产方式的绿色化改造，由大企业的环保产业需求催生出小企业的环保产业需求，使环保产业更好地嵌入并融合到每个行业、每个企业的日常生产中，成为我国推进环境质量改善和供给侧结构性改革的有力抓手。可见，未来的环保产业发展将不仅仅以解决某个技术、工艺、行业的环境问题为出发点，更要从绿色供应链的角度出发，解决整个供应链上的环境污染问题，实现上游企业和下游企业的共享、共荣、共进。

（九）新需求：由防治需求转变为防治、监测、生态产品等多层次的环保需求

从环保装备业到环境服务业，环保产业发展的初衷就是治污、防污，因此过去环保产业的需求主要来自其他行业的污染防治需求。环保产业具有广泛的产业关联度，每一个生产部门、生产过程都会产生污染物或副产品，必然带来预防和治理污染的需求，提供了环保产业进入和生存的空间。环保产业与国民经济的多个行业具有全方位、多层次的关联性，包含环保技术、装备、产品、材料、工程和服务等领域。

"十三五"以来，提高生态环境环境质量成为全面建成小康社会的目标，满足多层次和多样化的公众需求成为改善生态环境质量的最终目标，环保产业的需求也由防治需求转变为防治需求、监测需求、生态产品需求的多层次环保需求。

一方面，各级政府对环境监测的需求随着环境管理能力和现代化程度的提升而日益增多，催生出更多的环境监测需求。《规划》提出，要加强生态环境监测网络建设，统一规划、优化环境质量监测点位，建设涵盖大气、水、土壤、噪声、辐射等要素，布局合理、功能完善的全国环境质量监测网络，实现生态环境监测信息集成共享。例如，2017年底前，完成土壤环境质量国控监测点位设置，建成国家土壤环境质量监测网络，基本形成土壤环境监测能力。到2020年，实现土壤环境质量监测点位所有县（市、区）全覆盖。2018年底前，进一步优化调整重点区域环境质量监测点位，努力建成全国重金属环境监测体系。精准有效的环境监测是环境污染治理的基本前提与保障，也对环保产业提出了新的需求，这将创造出巨大的环保产业空间。

另一方面，人民群众对生态产品的需求随着环保意识的深入人心而逐渐增强，催生出更多的生态产品需求。《规划》还提出，要扩大生态产品供给。

一要加强林业资源基地建设，加快产业转型升级，促进产业高端化、品牌化、特色化、定制化，满足人民群众对优质绿色产品的需求；二要加大自然保护地、生态体验地的公共服务设施建设力度，开发和提供优质的生态教育、游憩休闲、健康养生养老等生态服务产品；三要促进绿色制造和绿色产品生产供给，从设计、原料、生产、采购、物流、回收等全流程强化产品全生命周期绿色管理。《规划》从农林生态产品、公共生态产品、绿色产品等多个角度为生态产品的提供定下了主基调，这不仅将进一步强化公众的环保意识，还将从环保角度变革人们对产品价值的判断标准，将绿色化根植于公众心中，从产品需求角度倒逼企业转型，为环保产业发展创造出新的需求和动力。

（十）新技术：由"引进来"的部分低水平技术发展转变为"引进来"与"走出去"相结合的高水平技术发展

技术是支撑环保产业发展的基础所在。在政策红利陆续释放的新形势下，我国环保产业技术正在全面升级，在城市污水处理、脱硫、脱硝方面，基本上拥有自主技术。在水污染治理方面，A/O工艺法、SBR、氧化沟、膜材料开发等各类生物处理技术比较成熟，并已广泛应用于工程实践。在大气污染治理方面，一些基本技术和工艺取得了较大进展，袋式除尘器已覆盖到各工业领域，成为 PM 2.5 排放控制的主流除尘设备。在固体废物处理处置方面，化学法、固化法、高温蒸煮、焚烧及安全填埋等城市垃圾焚烧技术已实现国产化。在环境监测方面，烟尘和烟气采样器、总悬浮微粒采样器、油分测定仪、污水流量计等已接近或达到国际先进水平。我国环境科研投入连年增加，环境技术开发能力日益增强，环保产品国内化程度不断提高，为治理污染提供了坚强的基础支撑。

但是，从全局来看，我国环保技术仍然存在发展不平衡的问题。一方面，与发达国家相比，我国环保技术开发层次和水平仍然不高，个别细分的环保产业还有很大缺失，亟待完善。另一方面，个别技术已经达到国际先进水平，甚至出口海外，如超滤膜水处理技术、电除尘技术位居世界领先水平，并已出口到30多个国家。尤其是通过多年的国内工程项目实践，众多环保企业在风电、太阳能、污水处理、再生水利用、海水淡化以及烟气脱硫脱硝等方面积累了丰富的设计、建设、运营经验，为我国环保产业"走出去"打下了坚实基础。

《规划》提出，要发展一批具有国际竞争力的大型节能环保企业，推动先进适用节能环保技术产品"走出去"。"十三五"期间，环保技术的发展将由部分技术"引进来"的低水平技术发展转为部分技术"走出去"的高水平技术发展。对于水平不高、部分依赖进口的环保技术，既要积极引进国际先进技术，还要加强技术的自主研发。如水污染防治方面要加强针对面源污染控制的技术研发，固体废物防治方面要加强飞灰处理的技术研发，环境监测方面要加强监测设备的自动化研发，土壤修复方面要加强场地修复的技术研发。对于技术水平较高的环保技术，要发展一批具有国际竞争力的大型节能环保集团，推进环保企业"走出去"和环保技术"走出去"，并以此为契机，带动更多环保技术的国际化对接。尤其在我国实施"走出去"战略与"一带一路"的大背景下，世界各国对环境问题重视程度日益提升，清洁生产技术、环保产品和服务市场规模必将越来越大。在我国提出的"一带一路"倡议中，明确提出了建设绿色"一带一路"的目标。实施环保产业"走出去"战略，切实扩大环保技术、产品、服务输出，对于不断优化我国对外投资结构、促进经济绿色转型具有十分重要的深远意义。

九、"十三五"环境信息化的战略思考①

2015 年 7 月 4 日，国务院发布《关于积极推进"互联网 +"行动的指导意见》，提出了行动要求和重点行动计划，将"互联网 +"绿色生态等 11 个方面内容列入了重点行动，在"互联网 +"绿色生态方面提出了明确要求；2015 年 8 月 19 日，国务院发布《促进大数据发展行动纲要》，大数据上升为国家发展战略，环保"大数据时代"势不可当，它即将到来，也必将到来。在"互联网 +"时代来临之际，我们要把思想和行动统一到国务院的战略判断、战略谋划、战略部署上来，把握好"互联网 +"的重要历史机遇，增强认识、找准方向，推动移动互联网、云计算、大数据、物联网等与环保领域深度融合，打造发展新优势，加快环境管理战略转型，与时俱进地做好"十三五"期间绿色生态信息化工程建设工作。

(一) 充分认识"互联网 +"的战略意义

"互联网 +"是以互联网为经济社会运行的基本载体和关键要素，通过互联网与各领域的融合，不断创造新技术、新产品、新业态和新模式，形成创新驱动、开放共享、结构优化、绿色发展、以人为本的新型经济形态，更侧重于跨企业、跨行业、跨领域的网络化连接和信息流动，更强调平台化的

---

① 芮元鹏，闫楠."十三五"环境信息化的战略思考 [J]. 中国环境管理，2015 (6)：60 - 65.

数据汇集和深度应用。"互联网＋"对促进环境管理战略转型,优化经济发展,推动发展成果惠及全民具有重要意义。

第一,"互联网＋"是主动适应新常态下环境管理战略转型的有力抓手。以用户至上、多方参与、开放共享为基本特征的互联网思维快速渗透,引领了新一轮管理创新变革。互联网技术的快速应用为发展绿色经济、循环经济、低碳经济提供了新的路径选择。互联网与环境保护加快全面深度融合,监测执法信息与产业市场发展交织并进,绿色金融、绿色保险等新业态孕育突破。

第二,"互联网＋"是促进环境监管创新的基础保障。物联网、大数据、云计算等深度应用正带动环境监管向技术手段智能化、参与主体多元化、服务方式多样化的方向发展。跨领域、跨区域、协同化、网络化的创新平台不断兴起,为联防联控等制度创新提供了坚实保障。互联网作为融合环境科技创新大平台,促进形成更开放、更灵活、更快速、更贴近用户的创新发展模式,不断激发技术与模式创新的活力。

第三,"互联网＋"是实现环境成果社会共享的技术支撑。互联网成为政民互动的重要渠道,更加贯彻以人为本加速服务方式创新,推动环境公共服务更趋普惠包容,促进公共服务的资源共享和优化配置,提高质量和效率,提升均等化水平,提高服务的普惠程度,让环境保护成果更多更公平地惠及全体人民。

生态文明建设关系人民福祉,加强环境保护、实现绿色发展已经成为全社会共识。技术发展到今天,先进的技术力量已经足以助力环境管理战略转型。应该认识到,环境保护大数据的主体是环境,不是大数据,其真正的本质是,大数据要为环境保护服务。

(二)推进"十三五"环境信息化建设的思路

经过十多年的发展,我国环境信息化建设取得了显著进展,在基础设施、业务应用系统、信息资源开发和利用、信息公开发布、组织管理体系建设等方面开展了一系列工作，支撑了节能减排、环境监管、环境监测、生态保护等工作。不过，由于种种原因，我国环境信息化的整体水平不高。随着生态环境保护体制深化改革，以及物联网、云计算、大数据、移动互联等新兴信息技术的不断发展和深入应用，环境信息化面临着重大的发展机遇和挑战。

开展"十三五"环境信息化建设，要紧扣"互联网＋"，利用智能监测设备和移动互联网，完善污染物排放在线监测系统，增加监测污染物种类，扩大监测范围，形成全天候、多层次的智能多源感知体系。建立环境信息数据共享机制，统一数据交换标准，推进区域污染物排放、空气环境质量、水环境质量等信息公开，通过互联网实现面向公众的在线查询和定制推送。加强对企业环保信用数据的采集整理，将企业环保信用记录纳入全国统一的信用信息共享交换平台。完善环境预警和风险监测信息网络，提升重金属、危险废物、危险化学品等重点风险防范水平和应急处理能力。

1. 整合资源，加强生态环境动态监测

扩大监测范围，优化监测体系。逐步将能源、矿产资源、水、大气、森林、草原、湿地、海洋等各类生态环境要素纳入统一的动态监测范围中，构建资源环境承载能力的立体监控系统，优化和提升现有环境监测能力。完善污染物监测及信息发布系统，形成覆盖主要生态要素的资源环境承载能力动态监测网络。逐步开展各级政府资源环境动态监测信息和监测平台的整合，实现动态监测信息的互联共享。分批分类整合各级政府分散的资源环境动态监测信息和监测平台，统一监测标准和精准度，构建统一的资源环境动态信息查询与服务平台，解决以往资源环境监测数据标准不统一、难以共享的问题。逐步整合各科研机构、大专院校、公益环境保护组织等方面的环境信息，进行有效的组织和检索，实现更高效的社会组织机构之间的信息共享。

2. 数据共享，大力发展智慧环保

完善污染物排放在线监测系统。提升智能监测设备和移动互联网在污染物监测中的作用，丰富污染物排放在线监测系统交互能力。建立环境信息数据共享机制，推进区域污染物排放、空气环境质量、水环境质量等信息公开。完善环境信息数据交互共享的标准。通过互联网和移动互联网实现面向公众的在线查询和定制服务，提升用户的参与度和关心度。加强企业环保信用数据的采集整理，将企业环保信用记录纳入统一的国家信用信息共享平台。完善环境预警和风险监测信息网络，提升重金属、危险废物、危险化学品等重点领域的风险防范水平和应急处理能力。分层次进行数据共享。向普通民众提供简明易懂的结论性数据，向科研机构、大专院校，以适当的方式共享更为详细和专业的数据信息。

3. 技术融合，完善废旧资源回收利用体系

利用物联网、大数据开展信息采集、数据分析、流向监测，优化逆向物流网点布局。鼓励企业优化逆向物流网点布局，提升可回收资源的智能化识别、定位、跟踪、监控和管理能力。支持电子废物流向跟踪及城市废物回收平台搭建，创新回收模式。继续深化和完善汽车回收利用政策，提升废旧汽车拆解和利用水平。将环境信息资源与新兴的环保技术融合在一起，通过数据信息为环保技术的应用提供数据支持。

4. 模式创新，建立废弃物在线交易系统

大力发展废弃物在线交易，提升电子商务在废弃物回收中的应用。创新在线交易模式。推动现有骨干再生资源交易市场向线上线下结合转型升级，支持现有骨干再生资源交易市场积极拓展在线定价、O2O、微店等线上线下结合的经营模式，开展在线竞价，发布价格交易指数，提高稳定供给能力，增强主要再生资源品种的定价权。

（三）应组织实施的环境信息化工程项目

实施好"十三五"环境信息化工程，关键是要在原有"数字环保"的基础上，依托物联网技术，借助大数据，迈向"智慧环保"，加强新型技术支撑手段的应用，服务于综合性决策智能化，重点加强生态环境监测网络升级建设工程、智慧环保能力提升建设工程、资源回收利用体系建设工程、再生资源在线交易建设工程等环境信息化工程建设。

1. 生态环境监测网络升级建设工程

（1）建设目标：①努力扩大监测范围，优化监测体系，逐步将能源、矿产资源、水、大气、森林、草原、湿地、海洋等各类生态环境要素纳入统一的动态监测范围中，构建资源环境承载能力的立体监控系统。②逐步开展各级政府资源环境动态监测信息和监测平台的整合，实现动态监测信息的互联共享。③分批分类整合各级政府分散的资源环境动态监测信息和监测平台，统一监测标准和精准度，构建统一的资源环境动态信息查询与服务平台，解决以往资源环境监测数据标准不统一、难以共享的问题。

（2）建设内容：①国家环境质量监测网络运行与设备购置及更新。逐步完善国家环境质量监测网运行、维护及数据传输、管理与发布以及全国区域环境空气质量预报预警系统的运行维护，完善预报预警机制，并实现动态监测信息的互联共享。②各级政府资源环境动态监测信息和监测平台的整合。分批分类整合各级政府分散的资源环境动态监测信息和监测平台，统一监测标准和精准度，构建统一的资源环境动态信息查询与服务平台。

2. 智慧环保能力提升建设工程

（1）建设目标：①利用智能监测设备和移动互联网，完善污染物排放在线监测系统，增加监测污染物种类，扩大监测范围，形成全天候、多层次的智能多源感知体系。②建立环境信息数据共享机制,统一数据交换标准,推进区域污染物排放、空气环境质量、水环境质量等信息公开,通过互联网实现面向公众的在线查询和定制推送。③加强对企业环保信用数据的采集整理,将企业环保信用记录纳入全国统一的信用信息共享交换平台。④完善环境预警和风险监测信息网络,提升重金属、危险废物、危险化学品等重点风险防范水平和应急处理能力。

（2）建设内容:①环境信息应用支撑平台建设工程。建立统一的应用支撑平台可以高效快捷地扩展业务系统功能,提高环境保护政务管理和业务管理的工作效率,充分利用各种业务信息资源,为环保业务协同与统一门户提供支持,并能够根据业务需求快速构建各类应用系统。②环境质量监测管理信息平台建设工程。根据国家环境监测工作的总体规划,结合环境监测业务管理的实际需求,重点建设以环境质量监测管理、生态监测管理、污染源监测管理、环境监测数据分析为重点的环境监测业务子系统,为环境管理和决策提供数据支持。③污染源管理信息平台建设工程。对国控重点污染源安装自动监控设备,建立国家、省、市三级监控中心,实时监控排污状况;建设污染物总量控制管理系统,实现总量统计、COD、SO_2、氨氮、NO_x 排放量核算,核算参数设置,分区管理等功能,为全面掌握总量排放信息,总量减排实施进度提供信息支撑平台,为总量减排措施的采取提供决策依据。④生态保护管理信息平台建设工程。建立生态环境遥感监测系统,结合农村生态、区域生态、自然保护区、生物多样性和生物安全等业务的实际需求,重点建设以生态功能保护区、土壤污染防治、自然保护区管理、生物多样性保护和管理、生物物种资源管理、生物安全和农村环境质量评价、农业生产环境监管为重点的生态保护业务子系统。⑤核与辐射安全管理信息平台建设工程。通过信息综合管理平台对国控辐射和核设施实时流出物进行自动监测的信息系统;通过动态监控、及时预警、准确计量。实施联网监控管理,实时监控国控辐射和核设施实时流出物状况。⑥环境应急管理信息平台建设工程。根据环保部处置化学与核恐怖袭击事件应急项目规划总体要求，结合反恐应急管理业务的实际需求，重点建设以环境应急监控预警、环境应急决策支持、环境应急指挥调度、环境应急现场处置和环境应急后评估为重点的环境应急管理业务子系统。⑦环境政务管理业务系统建设工程。根据国家环境政务工作的总体要求，结合环境政务办公、规划财务、政策法规、科技标准、国际合作、宣传教育等业务以及政务公开的实际需求，重点建设以环境政务办公、规划财务、政策法规、科技标准、国际合作、宣传教育为重点的环境政务管理业务子系统，为环境管理和决策提供数据支持。⑧环境遥感信息系统工程。搭建环境遥感信息共享服务平台，建设环境卫星遥感监测管理信息系统。通过环境卫星遥感监测管理信息系统建设为环境管理和决策提供技术及数据支持。⑨机动车污染排放管理系统工程建设。进一步升级机动车车型目录申报管理系统，完善机动车尾气遥测网络，实行 OBD 在线监控。⑩重大活动空气质量保障预测预报系统建设工程。通过集合预报模式，依托模型技术，深化环境质量数据应用，提升环境质量预警分析能力，对本地区未来 72 小时多种污染物的浓度分布进行分析及预测。⑪河流水环境在线监测监控系统建设项目。建设完成河流水系全方位水质自动监测网络，建设覆盖河流全流域的视频监控网络，实现污染排放的自动实时监控；构建流域多级网格化监管体系，完备并实施区域化、责任化、层次化监管体系。⑫企业危险化学品信息管理系统建设。对企业的危险化学品信息进行登记，并对危险化学品的仓储及物流数据进行及时的跟踪，通过平台对信息数据的管理降低企业存放与运输危险化学品的事故风险。

3. 资源回收利用体系建设工程

（1）建设目标：①利用物联网、大数据开展信息采集、数据分析、流向监测，优化逆向物流网点布局。②支持利用电子标签、二维码等物联网技术跟踪电子废物流向，鼓励互联网企业参与搭建城市废弃物回收平台，创新再生资源回收模式。③加快推进汽车保险信息系统、"以旧换再"管理系统和报废车管理系统的标准化、规范化和互联互通，加强废旧汽车及零部件的回收利用信息管理，为互联网企业开展业务创新和便民服务提供数据支撑。

（2）建设内容：①再生资源回收网络建设工程。利用物联网技术，构建再生资源网络信息中心，建成省、市、区（县）、企业四级信息网络系统，在城市巩固和提升以回收网点、分拣中心和集散市场（回收利用基地）为代表的三级回收网络，在农村建立城乡一体化、县域"一盘棋"的规划管理和实施机制，鼓励龙头企业延伸回收网点，以城带乡，城乡互动，建设与城镇化进程相适应的再生资源回收体系。建立行业信息数据库，实现网上统计、监测及备案等工作；在线提供市场信息和业务咨询，实现跨行业、跨地区交流，促进再生资源流通，实现了收废方式从街头摇铃到鼠标点击、电话连线的转变。②"以旧换再"管理系统建设工程。为相关主管部门提供一个信息化管理平台，及时掌握再制造产品的交易情况和交易规模，以及"以旧换再"补贴资金的支付和使用情况，为不断完善行业发展，及时制定和调整行业政策，提供宏观管理数据。协助再制造企业完善营销网络，及时统计和上报再制造产品的销售数据，实现再制造零部件"以旧换再"的交易数据传输、审核、上报，方便各级主管部门及时了解及监管全国"以旧换再"业务开展情况，随时掌握"以旧换再"各项业务状态。③资源回收公共服务平台建设工程。编制发布重点再生资源价格指数，解决传统交易中信息滞后和不对称的问题，为回收处理及再利用的相关服务商提供信息，引导资源合理配置，促进回收体系各节点、各环节的对接和整合，促进回收与利用环节的有效衔接。④报废车管理信息系统建设工程。针对报废机动车建设集用户管理、车辆报废过程管理、销售管理、库存管理、财务管理于一体的报废汽车回收管理系统。做好报废汽车回收拆解行业统筹规划，合理布局，完善报废车回收服务网络，通过各种渠道公布辖区内依法设立的报废汽车回收拆解企业及其服务网点名单、地址、联系电话等信息，优化回收拆解流程，提升报废车管理、服务质量和效率。

4. 再生资源在线交易建设工程

（1）建设目标：①鼓励互联网企业积极参与各类产业园区废弃物信息平台建设，推动现有骨干再生资源交易市场向线上线下结合转型升级，逐步形成行业性、区域性、全国性的产业废弃物和再生资源在线交易系统。②完善线上信用评价和供应链融资体系，开展在线竞价，发布价格交易指数，提高稳定供给能力，增强主要再生资源品种的定价权。

（2）建设内容：①在线交易公共服务系统建设工程。通过公共服务系统，公共资源交易主体（招标人、招标代理、施工单位、设计单位、供应商等）统一注册、登录，进行网上发布公告、网上报名、网上投标、网上竞价等办事使用。②再生资源在线交易系统建设工程。通过数字仓储应用系统、公共物流数据标准库整合国内行业内分散的物流信息，再结合安全可靠的电子交易系统，为再生资源生产、经销、加工配送、仓储等企业和终端用户提供在线的实物现货交易、库存管理、行业资讯、金融协同服务、电信增值业务、管理软件输出、外包以及广告宣传等诸多服务，形成具有广泛应用前景的再生资源在线交易服务公共平台。③再生资源在线交易监管监察系统建设工程。开展再生资源在线交易监管监察系统建设，促进相关监察部门对再生资源在线交易项目全过程的监督工作，记录违反再生资源在线交易活动相关法规的行为；维护交易场所秩序，负责对在线交易企业、个人监督；为再生资源交易各行政主管部门和纪检监察机关进场进行业务监督和行政监察提供条件，并协助配合调查处理工作。

5. 推进"十三五"环境信息化的展望

推进"十三五"环境信息化是一个逐步积累、渐行完善的过程，要贯穿

"十三五"时期，才能取得成效。为做好基础安排和服务工作急需，可利用前三年时间，建立环境信息化工程建设工作机制，基本建立"互联网＋绿色生态"体系，优先在污染物监测、信息发布等方面开展信息化建设，实现边建设边应用，大幅提高污染监测、互联互通和数据共享能力。

（1）2016年：建立"互联网＋绿色生态"信息化工程建设工作机制，成立"互联网＋绿色生态"信息化工程建设领导小组和专家委员会，编制"互联网＋绿色生态"信息化工程顶层设计和工作方案，完成国家环境质量监测网络运行与设备购置及更新、环境信息应用支撑平台和环境质量监测管理信息平台建设，建立再生资源回收网络服务体系，推动"互联网＋绿色生态"信息化工程基础设施及监测建设。

（2）2017年：启动和实施"互联网＋绿色生态"信息化工程建设项目，包括污染源管理信息平台、生态保护管理信息平台等智慧环保能力建设，同时开展"以旧换再"管理系统、资源回收公共服务平台、报废车管理信息系统等再生资源回收利用体系能力建设，提高绿色生态信息化能力，建设智慧环保云平台，制定智慧环保大数据相关管理制度和标准规范，在污染源管理、生态保护管理、应急、核与辐射以及再生资源等方面开展信息化应用，选择1~2个省、市参与"互联网＋绿色生态"信息化工程示范建设，推动"互联网＋绿色生态"创新环境监管和公共服务。

（3）2018年：进一步提升"互联网＋绿色生态"信息化管理能力，完善相关管理制度和标准规范，强化污染源管理、生态保护管理、应急、核与辐射以及再生资源等方面信息化应用，整合各级政府资源环境动态监测信息和监测平台，扩展"互联网＋绿色生态"业务应用领域，形成以互联网为支撑的绿色生态环境管理新模式。

目前，环境信息化建设总体上还缺乏总体架构的指导，业务应用系统尚不能满足环境监督管理工作的需要，缺少一体化监管的统一规划和顶层设计。随着各项业务对信息化依赖程度的不断提高,各系统势必各自扩展升级。建设统一的环境信息应用支撑平台,可实现"国家—市—区(县)"三级的环境信息化统筹应用和管理,可有效缓解全国环境信息化发展不平衡的问题。因此,建议国家在现有中央财政投资支持环境信息化能力提升之外,将地方环保能力建设纳入国家建设基金中统筹安排考虑。